MÁRCIA DA SILVA MARTINS

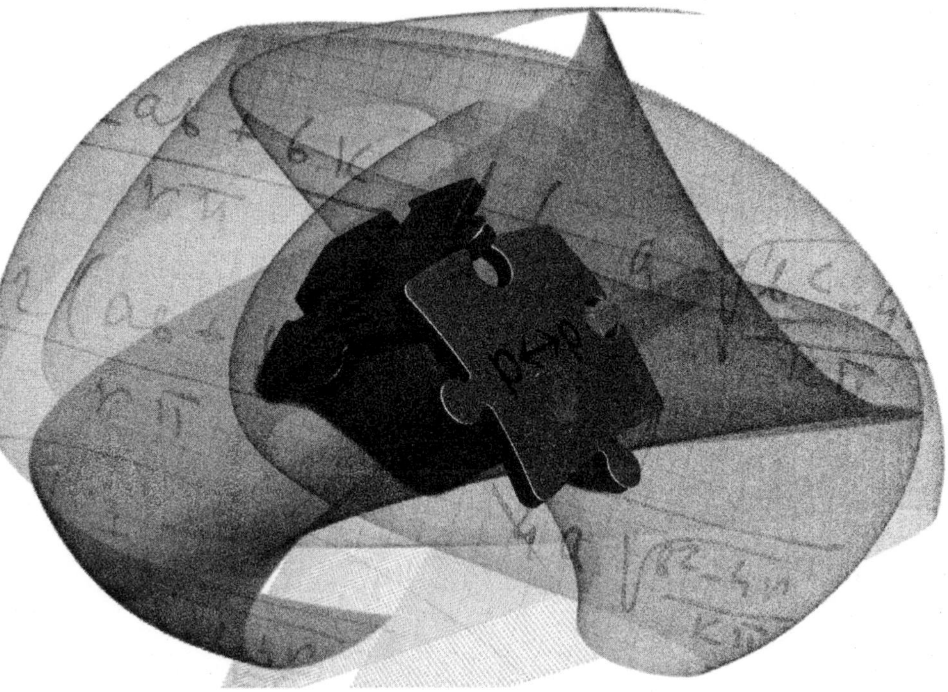

RACIOCÍNIO LÓGICO

270 QUESTÕES RESOLVIDAS

Márcia da Silva Martins

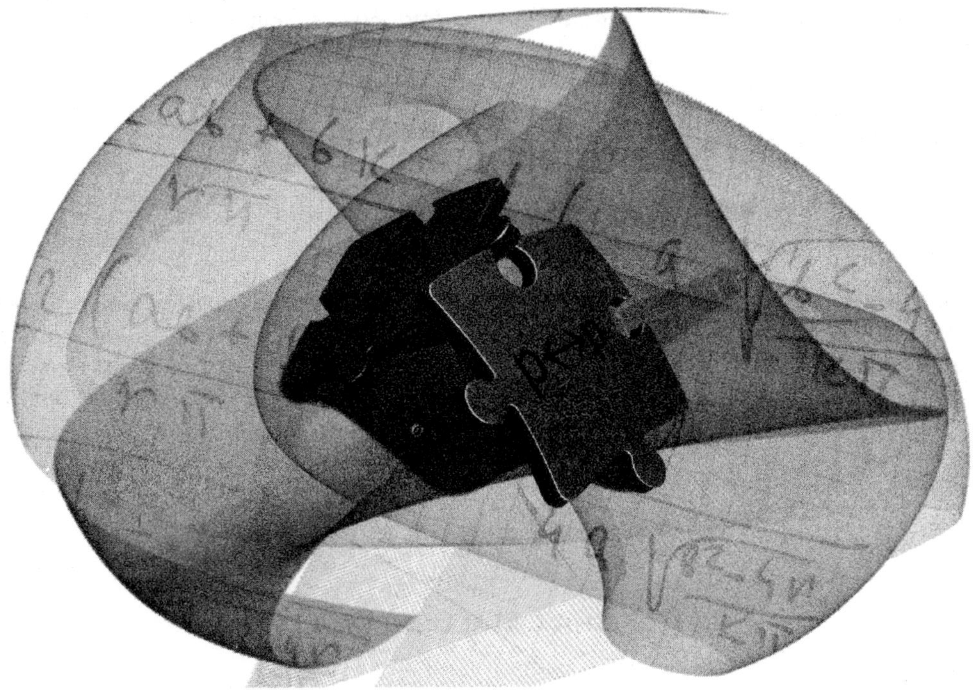

Raciocínio Lógico

270 Questões Resolvidas

Editora Ciência Moderna

Raciocínio Lógico – 270 Questões Resolvidas

Editor: Paulo André P. Marques
Produção Editorial: Dilene Sandes Pessanha
Capa: Daniel Jara
Copidesque: Equipe Ciência Moderna

FICHA CATALOGRAFICA

MARTINS, Márcia da Silva.

Raciocínio Lógico – 270 Questões Resolvidas

Rio de Janeiro: Editora Ciência Moderna Ltda., 2019.

1. Matemática
I — Título

ISBN: 978-85-399-1028-1 CDD 510

Editora Ciência Moderna Ltda.
R. Alice Figueiredo, 46 – Riachuelo
Rio de Janeiro, RJ – Brasil CEP: 20.950-150
Tel: (21) 2201-6662/ Fax: (21) 2201-6896
E-MAIL: LCM@LCM.COM.BR
WWW.LCM.COM.BR

02/19

Aos meus pais

Nilce

&

Armando Augusto (in memorian)

Prefácio

O tema *Raciocínio Lógico* está em voga nos concursos de variadas instituições públicas e privadas para um sem número de cargos que pressupõem o conhecimento do referido domínio.

Além dos exames referidos acima o conteúdo de Raciocínio Lógico também está presente nos programas dos cursos de Ciência da Computação, Sistemas de Informação, Matemática, Filosofia, entre outros.

Com o intuito de fornecer material para aqueles que encontram-se em fase de preparação para algum exame que exija o referido assunto, reuni no presente livro uma coletânea de questões de *Raciocínio Lógico* e as respectivas soluções de modo a estimular a aprendizagem deste ramo.

Aqui, você leitor, encontrará questões sobre Lógica Proposicional e Lógica dos Quantificadores – proposições, conectivos, negação, conjunção, disjunção (inclusiva e exclusiva), proposição condicional, proposição bicondicional, tabelas-de-verdade, tautologia, contradição, contingência, equivalência lógica, propriedades da relação de equivalência lógica, recíproca, contrária e contrapositiva de uma proposição condicional, implicação lógica, propriedade da implicação lógica, álgebra das proposições (propriedade idempotente, propriedade comutativa, propriedade associativa, propriedade distributiva, propriedade de absorção. Leis de Morgan), o conceito de argumento, validade de um argumento, critério de validade de um argumento, quantificadores (quantificador universal, quantificador existencial, negação de proposições contendo quantificadores, quantificação parcial e quantificação múltipla).

O arcabouço descrito acima visa à apuração da habilidade do leitor para: entender a estrutura lógica de relações arbitrárias entre pessoas, lugares, coisas ou eventos fictícios; deduzir novas informações a partir de relações fornecidas; e avaliar as condições usadas para estabelecer a estrutura daquelas relações.

Convido-o a se debruçar sobre o material aqui contido, procurando, primeiramente resolver as questões propostas e em seguida observar as soluções apresentadas, com a finalidade de dirimir as dúvidas que aparecerem ao longo do livro.

Bom estudo!
A autora.

Sumário

Capítulo 1
1º Grupo de Questões

Questão nº 1 (FGV/MEC/2008) Com relação à naturalidade dos cidadãos brasileiros, assinale a alternativa logicamente correta:

a) Ser brasileiro é condição necessária e suficiente para ser paulista.
b) Ser brasileiro é condição suficiente, mas não necessária para ser paranaense.
c) Ser carioca é condição necessária e suficiente para ser brasileiro.
d) Ser baiano é condição suficiente, mas não necessária para ser brasileiro.
e) Ser maranhense é condição necessária, mas não suficiente para ser brasileiro.

Questão nº 2 (ANPAD/2015) Em uma empresa, se um funcionário não é casado, então é gerente e mora de aluguel. Assim, pode-se concluir que, nessa empresa:

a) Há pessoas casadas que moram de aluguel.
b) Ser gerente é condição necessária para não ser casado.
c) Ser casado é condição suficiente para não morar de aluguel.
d) Tanto os gerentes quanto os que moram de aluguel não são casados.
e) Nenhuma das respostas acima.

Questão nº 3 (ANPAD/2017) O fato de João ter ido ao cinema ou ao teatro é suficiente para Guilherme considera-lo um amante das artes e um bom vivant. Para Guilherme, não considerar João como um amante das artes é suficiente para garantir que João

a) foi ao teatro, se, e somente se, for um bom vivant.
b) é um bom vivant, se não tiver ido ao teatro.
c) foi apenas ao cinema ou apenas ao teatro.
d) foi ao cinema, se não tiver ido ao teatro.
e) Não foi ao cinema nem ao teatro.

Questão nº 4 (ANPAD/2017) Sejam p e q duas proposições lógicas simples. A proposição lógica $(\sim p) \rightarrow q$ é falsa se e somente se, a proposição

a) $p \vee q$ for verdadeira.
b) $(\sim p)$ for verdadeira.
c) $p \vee q$ for falsa.
d) $p \wedge q$ for falsa.
e) q for falsa.

Questão nº5 (ANPAD/2017) Um estudante preencheu uma tabela-verdade, na qual o símbolo * representa, necessariamente, um dos seguintes conectivos: $\wedge$ (conjunção), $\vee$ (disjunção), $\rightarrow$ (condicional) ou $\leftrightarrow$ (bicondicional)

O estudante verificou, corretamente, que a proposição "(p * q)↔(q * p)" não é uma tautologia. Portanto, a proposição (p * q) é falsa se e somente se, for verdadeira a proposição

a) $p \wedge q$
b) $p \wedge (\sim q)$
c) $p \vee (\sim q)$
d) $q \rightarrow (\sim p)$
e) $(\sim p) \wedge (\sim q)$

Questão nº 6 (ANPAD/2017) Sejam E(p, q) e F(p, q) duas proposições lógicas compostas a partir das proposições lógicas simples p e q, tais que a proposição condicional E(p, q) → ~ F(p, q) é uma contradição. É necessariamente uma tautologia a proposição lógica dada por:

a) $E(p,q) \wedge F(p, q)$.
b) $E(p,q) \wedge \sim F(p, q)$.
c) $F(p, q) \rightarrow \sim E(p, q)$.
d) $(\sim E(p,q)) \wedge (\sim F(p, q))$
e) $(\sim E(p,q)) \vee (\sim F(p, q))$

Questão nº 7 (ANPAD/2017) Considere a seguinte proposição condicional,na qual o antecedente (p) não foi explicitado:

Se ...., então todo elefante é azul.
(p)

Essa proposição condicional é falsa quando o antecedente (p) é dado por:

a) 1+1=3
b) 2 é ímpar.
c) Algum jacaré voa.
d) todo elefante é vermelho.
e) $\sqrt{2}$ não é um número inteiro.

Questão nº 8 (ANPAD/2013) Se eu roubei teu coração, então tu roubaste o meu também. E, se eu roubei teu coração, então eu te quero bem.

A proposição acima está na forma "(p→q)∧(p→r)", na qual **p**, **q** e **r** são:

p: eu roubei teu coração.
q: tu roubaste o meu também
r: eu te quero bem.

Para que essa proposição seja verdadeira é:

a) suficiente que p seja verdadeira.
b) necessário que p seja verdadeira.
c) suficiente que q e r sejam verdadeiras.
d) necessário que q e r sejam verdadeiras.
e) necessário que q seja verdadeira ou r seja verdadeira.

Questão nº 9 (ANPAD/2013) Gabriel está no último ano do Ensino Médio e tem chances nesse ano de ser convocado para a seleção brasileira juvenil de natação. Seu pai, querendo estimular o desempenho do filho no esporte e também nos estudos, fez a seguinte declaração: "Se Gabriel passar no vestibular e for convocado para a seleção, comprar-lhe-ei um carro."
Analise os seguintes eventos que podem se suceder:
I. Gabriel passar no vestibular, ser convocado para a seleção e ganhar o carro.
II. Gabriel passar no vestibular, não ser convocado para a seleção e ganhar o carro.
III. Gabriel não passar no vestibular, ser convocado para a seleção e não ganhar o carro.
IV. Gabriel não passar no vestibular, não ser convocado para a seleção e ganhar o carro.

Dos eventos descritos, aqueles que tornam a declaração do pai logicamente verdadeira são:
a) I e II, apenas.
b) I e III, apenas.
c) II e IV, apenas.
d) I, II e III, apenas.
e) I, II, III e IV.

Questão nº 10 (ANPAD/2006) Sabendo que P e Q são proposições, o que NÃO se pode afirmar sobre a função valoração (v)?
a) v (~P)= V se, e somente se, v (P) = F.
b) v (P ∧ Q)= V se, e somente se, v(P) = v(Q) = V.
c) v (P ∨ Q)= V se, e somente se, v(P) = V ou v(Q) = V.
d) v (P→Q)= V se, e somente se, v (P) = F ou v (Q) =V.
e) v (P↔Q) = V se, e somente se, v (P) = v (Q) = V.

Questão nº 11 (ANPAD/2010) Dadas as proposições:

I. 6 > 3 e 2 + 7 = 8.
II. 2 > 5 ou 4 – 1 = 3.
III. Se 8 > 3, então 3 > 4.
IV. Se 3 > 4, então 8 > 3.
Os valores lógicos (V, se verdadeiro; F, se falso) das proposições acima são, respectivamente,

a) F V F V
b) F V F F
c) F F V V
d) V V F F
e) V V V V

Questão nº12 (ANPAD/2011) Sejam dadas as seguintes proposições compostas em que P e Q são proposições verdadeiras e R é uma proposição falsa:

I. P→(Q∧~R)
II. R→(Q∧P)

III. $(\sim P \wedge Q) \rightarrow \sim R$
IV. $R \leftrightarrow Q$
V. $P \vee (Q \vee R)$
A sequência CORRETA do respectivo valor verdade de cada uma das proposições compostas acima é

a) V V V F V
b) V F F V F
c) V V V V V
d) F V F F V
e) F V V F F

Questão nº 13 (ANPAD/2011) Se, sob o ponto de vista dos valores lógicos, as proposições compostas $P \vee (Q \wedge R)$, $Q \vee (P \wedge R)$ e $R \vee (P \wedge Q)$ são, respectivamente, verdadeira (V), falsa (F) e verdadeira (V), então as proposições P, Q e R são, respectivamente,
a) V, F e V.
V, F e F.
V, V e F.
V, V e V.
F, F e F.

Questão nº 14 (ANPAD/2009) Dada a proposição composta "Se eu sair de casa, eu vou ao cinema", identifique, dentre as alternativas a seguir, aquela que a torna falsa.
a) "Eu saí de casa" é falso.
b) "Eu saí de casa" é verdade.
c) "Eu vou ao cinema" é falso.
d) "Eu saí de casa" é falso, e "Eu vou ao cinema" é falso.
e) "Eu saí de casa é verdade", e "Eu vou ao cinema" é falso.

Questão nº 15 (ANPAD/2009) Sejam as proposições compostas:
I. Se Maria foi à festa, então ela sabe dançar se, e somente se, se Pedro foi à festa, então ele sabe dançar.
II. Se Maria foi à festa, então Pedro sabe dançar.
III. se Pedro foi à festa, então Maria sabe dançar.

Sabendo que as proposições "Maria foi à festa", "Pedro foi à festa", "Maria sabe dançar" e "Pedro não sabe dançar" são verdadeiras, pode-se concluir que os valores-verdade (V, se verdadeiro; F, se falso) das proposições I, II e III são, respectivamente,
a) V, V e V
b) V, F e V
c) F, F e F

d) F, V e V
e) F, F e V

Questão nº 16 (ANPAD/2009) Considere a proposição p: Q ou R, em que Q: Lia é frentista. R: Se Milton é pedreiro, então Nei é jardineiro. Ora, sabe-se que a proposição p é falsa. Logo,
a) Lia é frentista; Milton é pedreiro; Nei não é jardineiro.
b) Lia é frentista; Milton não é pedreiro; Nei não é jardineiro.
c) Lia não é frentista; Milton é pedreiro; Nei não é jardineiro.
d) Lia não é frentista; Milton não é pedreiro; Nei não é jardineiro.
e) Lia não é frentista; Milton é pedreiro; Nei é jardineiro.

Questão nº 17 (ANPAD/2010) Sejam dadas as proposições verdadeiras a seguir:
I. Tavares é estudioso.
II. Aranhas voam.

Qual alternativa apresenta uma verdade?
a) Se aranhas voam, então Tavares não é estudioso.
b) Aranhas não voam se, e somente se, Tavares for estudioso.
c) Aranhas não voam se, e somente se, Tavares não for estudioso.
d) Se aranhas voam, então Tavares é estudioso e aranhas não voam.
e) Se Tavares é estudioso ou aranhas não voam, então Tavares não é estudioso.

Questão nº 18 (ANPAD/2010) Dadas as proposições compostas:
I. Se $7 + 3 = 9$, então $7 + 7 = 15$.
II. Se $5 + 5 = 9$, então $6 + 6 = 12$.
III. Se $6 + 6 = 12$, então $5 + 5 = 11$.
IV. Ou $6 + 6 = 12$ e $5 + 5 = 11$, ou $7 + 2 = 6$.

Os valores-verdade (V, se verdadeiro; F, se falso) das proposições I, II, III e IV são, respectivamente,
a) V, V, F, F
b) V, F, F, F
c) V, V, F, V
d) F, V, F, V
e) F, F, V, V

Questão nº 19 (ANPAD/2011) Considerando que a proposição "o muro é alto" é verdadeira e que a proposição "ele pulou o muro" é falsa, NÃO é verdade que:
a) Ou ele pulou o muro, ou o muro é alto.
b) Se o muro é alto, então ele pulou o muro.
c) Se o muro não é alto, então ele pulou o muro.
d) Se ele pulou o muro, então o muro não é alto.

e) Ou o muro não é alto, ou ele não pulou o muro.

Questão nº 20 (ANPAD/2011) Sejam dadas as seguintes proposições:

I. Se uma flor tem perfume, então 2 > 1.
II. Se 2 < 1, então a vida é curta.
III. O baralho está viciado ou eu estou lendo esta questão.
IV. Se $x < y$, então $x^2 < y^2$, para todo número inteiro.

Os valores lógicos (V, se verdadeira; F, se falsa) das proposições acima são, respectivamente,

a) F F V V
b) F V F F
c) V V F F
d) V F V F
e) V V V F

Questão nº 21 (ANPAD/2011) Sejam dadas as sentenças a seguir:

I. $(x+5=0)\rightarrow(x^2=25)$
II. $(x^2=25)\rightarrow (x+5=0)$
III. $(x+5=0)\leftrightarrow(x^2=25)$

Os valores lógicos (V, se verdadeira; F, se falsa) das proposições acima são, respectivamente,

a) V F F
b) V V F
c) V F V
d) V V V
e) F F F

Questão nº 22 (ANPAD/2011) Na empresa multinacional AZW, o diretor precisa falar, além do português, os idiomas inglês e alemão. Alberto foi diretor antes de Pedro nessa empresa, e José ainda não foi diretor, pois assumiu o cargo de gestor de investimentos. Sobre Alberto, Pedro e José é CORRETO afirmar:

a) Ou José fala alemão, ou José fala inglês.
b) José não fala inglês e Alberto fala inglês.
c) Se Alberto fala inglês, então José fala alemão.
d) Se José fala português, então Pedro fala inglês.
e) Se Pedro e Alberto falam português, então José fala inglês.

Questão nº 23 (ANPAD/2011) Ao ler a notícia "Dado que o reator da usina aqueceu, então ocorreu vazamento ou a contaminação se propagou.", certo cidadão ficou em dúvida, pois tanto a veracidade das notícias sobre o vazamento como a veracidade das notícias sobre a propagação da contaminação eram diversas, ou seja, as notícias podiam ter valores verdade distintos dependendo de onde eram anunciadas. Assim, a notícia ora apresentada pode ser considerada falsa se for

a) falso que o reator da usina aqueceu, falso que o vazamento ocorreu e falso que a contaminação se propagou.
b) verdade que o reator da usina aqueceu, falso que o vazamento ocorreu e falso que a contaminação se propagou.
c) verdade que o reator da usina aqueceu, falso que o vazamento ocorreu e verdade que a contaminação se propagou.
d) verdade que o reator da usina aqueceu, verdade que o vazamento ocorreu e falso que a contaminação se propagou.
e) verdade que o reator da usina aqueceu, verdade que o vazamento ocorreu e verdade que a contaminação se propagou.

Questão nº 24 (ANPAD/2011) Dado que as proposições "O dia está ensolarado." e "Estou na praia.", respectivamente simbolizadas por P e Q, são verdadeiras, NÃO se pode concluir como verdadeira a proposição

a) $\sim P \rightarrow \sim Q$
b) $\sim P \rightarrow Q$
c) $P \rightarrow \sim Q$
d) $\sim Q \rightarrow \sim P$
e) $\sim Q \rightarrow P$

Questão nº 25 (ANPAD/2011) Observe as proposições a seguir:

I. Se x é um número real e $x^2>4$, então $x>2$.
II. Se x é um número real e $x>2$, então $x^2>4$.
III. Se x é um número real e $x^2-4=0$, então $x=2$.
IV. Se x é um número real e $x=2$, então $x^2-4=0$.

A sequência CORRETA do respectivo valor verdade de cada uma das proposições acima é

a) F V V V
b) V F F F
c) F F V V
d) V V F V
e) F V F V

Questão nº 26 (ANPAD/2011) Sejam dadas as seguintes proposições compostas em que P e Q são proposições verdadeiras e R é uma proposição falsa:

I. $P \rightarrow (Q \wedge \sim R)$
II. $R \rightarrow (Q \wedge P)$
III. $(\sim Q \wedge P) \rightarrow \sim R$
IV. $R \leftrightarrow Q$

V. $P \vee (R \vee Q)$

A sequência CORRETA do respectivo valor verdade de cada uma das proposições compostas acima é

a) V V V F V
b) V F F V F
c) V V V V V
d) F V F F V
e) F V V F F

Questão nº 27 (ANPAD/2011) Seja dado que as proposições:

P: José foi se divertir,
Q: João foi à universidade e
R: José está de férias,

são, respectivamente, verdadeira, verdadeira e falsa.

Sejam também dadas as proposições compostas:

I. Se José está de férias, então ele foi se divertir e João não foi à universidade.
II. Se José foi se divertir, então ele não está de férias e João não foi à universidade.
III. Se João não foi à universidade, então José não está de férias, mas foi se divertir.

Quanto ao valor verdade, as proposições I, II e III são, respectivamente,

a) V, F e V.
b) V, V e F.
c) V, F e F.
d) F, F e V.
e) F, V e V.

Questão nº 28 (ANPAD/2006) Se P é a proposição "José fez a prova" e Q é a proposição "Pedro estudou", então a proposição composta "Não é verdade que se José não fez a prova então Pedro estudou" pode ser escrita na linguagem simbólica como:

a) $\sim(\sim Q \wedge P)$
b) $\sim(\sim P \wedge Q)$
c) $\sim(P \rightarrow Q)$
d) $\sim P \rightarrow Q$
e) $\sim P \wedge \sim Q$

Questão nº 29 (ANPAD/2006) Sejam as proposições: p: "Bruna foi ao cinema". q: "Caio foi jogar tênis". A proposição composta "Caio foi jogar tênis ou Bruna não foi ao cinema" pode ser escrita na linguagem simbólica como

a) $\sim(\sim p \wedge \sim q)$
b) $\sim(\sim p \vee q)$
c) $\sim(p \vee \sim q)$

d) $\sim(\sim p \land q)$
e) $\sim(p \land \sim q)$

Questão nº 30 (ANPAD/2006) Considere A={x∈R/2x+4=0} e as seguintes proposições:

I. Se o Estado de Rio de Janeiro está na Região Sul, então A= $\{-1/2\}$.
II. Se o Estado de Rio de Janeiro está na Região Sudeste, então A= $\{-2\}$
III. Se o Estado de Rio de Janeiro está na Região Sudeste, então A= $\{-6\}$
IV. Se o Estado de Rio de Janeiro está na Região Sul, então A= $\{-2\}$.

A sequência formada pelo valor verdade (V, se verdade; F, se falso) dessas proposições é,

a) F V V V
b) F V F F
c) V V F V
d) V F F F
e) V V V V

Questão nº 31 (ANPAD/2004) Sejam as proposições: p: Amir é estudioso. q: Amir é trabalhador. A alternativa abaixo que representa a proposição $\sim q \land \sim p$ é

a) Amir é trabalhador e estudioso.
b) Amir não é trabalhador ou não é estudioso
c) Amir não é trabalhador e é estudioso.
d) Amir não é trabalhador ou é estudioso.
e) Amir não é trabalhador e não é estudioso.

Questão nº 32 (ANPAD/2004) Baseando-se nas tabelas-verdade das proposições seguintes, a alternativa que representa um valor falso é

a) se 2 + 2 = 4, então 2 é par
b) se 2 + 2 = 3, então 2 é ímpar
c) se 2 + 2 = 4, então 2 é ímpar
d) se 2 + 2 = 2, então 2 divide 3
e) se 2 + 2 = 2, então 2 – 2 = 2

Questão nº 33 (ANPAD/2002) A proposição $\sim(p \rightarrow \sim r) \rightarrow (q \land r)$ é falsa, se:

a) p e q são verdadeira e r falsa.
b) p, q e r são verdadeiras.
c) p e q são falsas e r verdadeira.
d) p, q e r são falsas.
e) p e r são verdadeiras e q é falsa.

Capítulo 2
Soluções das Questões do 1º Grupo

Solução da Questão nº1

É sabido que numa implicação "(A→B)", o antecedente "A" é uma condição suficiente para o consequente "B" e o consequente 'B" é uma condição necessária para o antecedente "A".

"A" é suficiente para "B", visto que, basta que "A" aconteça para que "B" aconteça.

'B" é necessária para "A", visto que não é possível que "A" aconteça sem que "B" também aconteça.

Numa biimplicação "(A↔B)", "A" é uma condição necessária e suficiente para "B" e "B" é uma condição necessária e suficiente para "A".

Isto posto, vamos analisar as alternativas:

A letra a) é falsa, pois é possível que um indivíduo seja brasileiro sem que seja paulista;

A letra b) é falsa, pois "ser brasileiro" não é suficiente para "ser paranaense".

A letra c) é falsa, pois é possível que um indivíduo seja brasileiro sem que seja carioca.

A letra d) é a alternativa correta, visto que:

basta que um indivíduo seja baiano para que seja brasileiro

e

"ser baiano" não é necessário para "ser brasileiro",

visto que é possível ser brasileiro sem que seja baiano.

Resposta: d.

Solução da Questão nº2

∀x((~(x é casado))→(x é Gerente ∧ x mora de Aluguel)

Simbolizando:

A(x): x é casado. ;

B(x): x é gerente. e

M(x): x mora de aluguel

Em uma implicação, o consequente é *condição necessária* para o antecedente. Assim, na implicação $(\sim A(x)) \rightarrow (B(x) \wedge C(x))$, o consequente $(B(x) \wedge C(x))$ é *condição necessária* para o antecedente. Logo, podemos afirmar que tanto B(x) quanto C(x) são condições necessárias para $(\sim A(x))$.

Resposta: b

Solução da Questão nº3

Convenção:

P: João ter ido ao cinema.

Q: João foi ao teatro.

R: Guilherme considera João um amante das artes.

S: Guilherme considera João um bom vivant.

Simbolizando:

$$(P \vee Q) \rightarrow (R \wedge S)$$

Observe que:

$(P \vee Q) \rightarrow (R \wedge S)$ é equivalente a $(\sim(R \wedge S)) \rightarrow \sim(P \vee Q)$

Que é equivalente a

$$(\sim R \vee \sim S)) \rightarrow (\sim P \wedge \sim Q)$$

1. $\sim R$ Suposição
2. $(\sim R \vee \sim S)$ 1 e introdução do $\vee$
3. $(\sim R \vee \sim S)) \rightarrow (\sim P \wedge \sim Q)$ Premissa
4. $(\sim P \wedge \sim Q)$ 2, 3 e Modus Ponens

Resposta: e

Solução da Questão nº4

A proposição lógica $(\sim p) \rightarrow q$ é falsa ***se e somente se***, a proposição:

a) $p \vee q$ for verdadeira.
b) $(\sim p)$ for verdadeira.
c) $p \vee q$ for falsa.
d) $p \wedge q$ for falsa.
e) q for falsa.

A alternativa a) não é a alternativa correta, pois é possível que "$p \vee q$" seja verdadeira, porém, "$(\sim p) \rightarrow q$" seja verdadeira;

A alternativa b) não é a alternativa correta, pois é possível que "(~p)" seja verdadeira, porém, "(~p) → q" seja verdadeira;
A alternativa correta é a letra c), visto que: para que "p∨q" seja falsa é necessário e suficiente que "p" e "q" sejam ambas falsas e em tal circunstância "(~p) → q" é falsa.

A alternativa d) não é a alternativa correta, pois é possível que "p∧q" seja falsa, porém, "(~p) → q" seja verdadeira;

A alternativa e) não é a alternativa correta, pois é possível que "q" seja falsa, porém, "(~p) → q" seja verdadeira;

Resposta: c

Solução da Questão nº5

Como "(p*q)↔(q*p)" não é uma tautologia, segue-se que * não é nem o conectivo ∧, nem o ∨ e nem o conectivo ↔, pois tais conectivos gozam da propriedade comutativa. Portanto, * representa o conectivo →, e a proposição **(p * q)** será falsa se e somente se: a proposição **p** for verdadeira e **q** for falsa. Logo, a alternativa correta é a letra b).
Cabe ressaltar que a alternativa c) não é a alternativa correta, pois é possível que **p∨(~q)** seja verdadeira, porém **(p * q)** seja verdadeira, o que viola o enunciado da questão.

Resposta: b

Solução da Questão nº6

Visto que a proposição condicional E(p, q) → ~ F(p, q) é uma contradição, conclui-se que a sua negação ~ (E(p, q) → ~ F(p, q)) é necessariamente uma tautologia e assim sendo E(p,q) ∧ F(p, q) é uma tautologia. E assim , a alternativa correta é a letra a)

Resposta: a

Solução da Questão nº7

Se ...., então todo elefante é azul.
(p)

Uma proposição condicional é falsa quando seu antecedente é **verdadeiro** e seu consequente é falso. Logo, a alternativa correta é a letra e)

a) 1+1=3
b) 2 é ímpar.
c) Algum jacaré voa.
d) todo elefante é vermelho.
e) √2 não é um número inteiro.

Resposta: e

Solução da Questão nº8

a) suficiente que p seja verdadeira.
b) necessário que p seja verdadeira.
c) suficiente que q e r sejam verdadeiras.
d) necessário que q e r sejam verdadeiras.
e) necessário que q seja verdadeira ou r seja verdadeira.

Sabe-se que numa implicação "(A→B)", o antecedente "A" é uma condição suficiente para o consequente "B" e o consequente 'B" é uma condição necessária para o antecedente "A".

Para que a proposição "(p→q)∧(p→r)" seja verdadeira é:

suficiente que q e r sejam verdadeiras;

pois, se **q** e **r** forem verdadeiras, então "(p→q)" e "(p→r)" serão simultaneamente verdadeiras, e consequentemente será verdadeira "(p→q)∧(p→r)".

Resposta: c

Solução da Questão nº9

Convenção:
p: Gabriel passar no vestibular;
q: Gabriel será convocado para a seleção;
r: Gabriel ganhará um carro.

"Se Gabriel passar no vestibular e for convocado para a seleção, comprar-lhe-ei um carro."

Simbolização:

$$(p \wedge q) \rightarrow r$$

I. p∧(q∧r)

II. p∧((~q)∧r)

III. (~p) ∧ (q∧(~r))

IV. (~p) ∧ ((~q)∧r)

Dos eventos descritos, todos tornam a declaração do pai verdadeira.

Resposta: e

Solução da Questão nº10

O que NÃO se pode afirmar sobre a função valoração (v) é que:

$$v\ (P \leftrightarrow Q) = V \text{ se, e somente se, } v(P) = v(Q) = V;$$

pois,

é possível que $v\ (P \leftrightarrow Q) = V$, porém $v(P) = v(Q) = F$

Resposta: e

Solução da Questão nº11

I. 6 > 3 e 2 + 7 = 8.
II. 2 > 5 ou 4 – 1 = 3.
III. Se 8 > 3, então 3 > 4.
IV. Se 3 > 4, então 8 > 3.

Temos que:

I é falsa, visto que uma das componentes da conjunção é falsa.
II é verdadeira, visto que uma das componentes da disjunção é verdadeira.
III é falsa visto que o antecedente é verdadeiro e o consequente é falso.
IV é verdadeira, visto que o antecedente é falso.

Assim a alternativa correta é a letra a).

Resposta: a

Solução da Questão nº12

Como P e Q são verdadeiras e R é falsa, segue-se que:

I. $P \rightarrow (Q \wedge \sim R)$ é verdadeira, pois antecedente e consequente são verdadeiros;
II. $R \rightarrow (Q \wedge P)$ é verdadeira, pois o antecedente é falso;
III. $(\sim P \wedge Q) \rightarrow \sim R$ é verdadeira, pois o consequente é verdadeiro;
IV. $R \leftrightarrow Q$ é falsa pois os valores lógicos de Q e R são diferentes;
V. $P \vee (Q \vee R)$ é verdadeira, pois pelo menos uma das componentes da disjunção é verdadeiro.

Logo, a sequência correta é V V V F V.

Resposta: a

Solução da Questão nº13

Como pelo enunciado da questão $Q \vee (P \wedge R)$ é falsa, segue-se que Q é falsa e $(P \wedge R)$ é falsa.

Como $P \vee (Q \wedge R)$ é verdadeira e Q é falsa segue-se que P é verdadeira.

$R \vee (P \wedge Q)$ é verdadeira, e $(P \wedge Q)$ é falsa, segue-se que R é verdadeira.

Então as proposições P, Q e R são, respectivamente, V, F e V.

Resposta: a

Solução da Questão nº14

Como a implicação "Se eu sair de casa, eu vou ao cinema", é falsa, segue-se que " Eu sai de casa." é verdadeira e "Eu vou ao cinema." é falsa. Daí, segue-se que a resposta correta é a alternativa e)

"Eu saí de casa é verdade", e "Eu vou ao cinema" é falso.

Resposta: e

Solução da Questão nº15

I. Se Maria foi à festa, então ela sabe dançar se, e somente se, se Pedro foi à festa, então ele sabe dançar.
II. Se Maria foi à festa, então Pedro sabe dançar.
III. se Pedro foi à festa, então Maria sabe dançar.

Sabendo que as proposições "Maria foi à festa", "Pedro foi à festa", "Maria sabe dançar" e "Pedro não sabe dançar" são verdadeiras, pode-se concluir que os valores-verdade (V, se verdadeiro; F, se falso) das proposições I, II e III são, respectivamente,

Convenção:
P: Maria foi à festa.
Q: Pedro foi à festa.
R: Maria sabe dançar.
S: Pedro sabe dançar

Simbolização.

I. $P \rightarrow (R \leftrightarrow (Q \rightarrow S)$.
II. $P \rightarrow S$.
III. $Q \rightarrow R$

Temos que:

P, Q e R são simultaneamente verdadeiras e que ~S é verdadeira, ou seja, S é falsa. Daí segue-se que:

I. $P \rightarrow (R \leftrightarrow (Q \rightarrow S))$. é falsa
II. $P \rightarrow S$. é falsa
III. $Q \rightarrow R$. é verdadeira.

a) V, V e V
b) V, F e V
c) F, F e F
d) F, V e V
e) F, F e V

Resposta: e

Solução da Questão nº16

Q: Lia é frentista.

R: Se Milton é pedreiro, então Nei é jardineiro.

p: Q ou R

Como a proposição p é falsa, segue-se que Q é falsa e R é falsa. Logo,

Lia não é frentista; Milton é pedreiro; Nei não é jardineiro.

Resposta: c

Solução da Questão nº17

Sejam dadas as proposições verdadeiras a seguir:

I. Tavares é estudioso.
II. Aranhas voam.

Qual alternativa apresenta uma verdade?

a) Se aranhas voam, então Tavares não é estudioso.
b) Aranhas não voam se, e somente se, Tavares for estudioso.
c) Aranhas não voam se, e somente se, Tavares não for estudioso.
d) Se aranhas voam, então Tavares é estudioso e aranhas não voam.
e) Se Tavares é estudioso ou aranhas não voam, então Tavares não é estudioso.

Convenção:

P: Tavares é estudioso.

Q. Aranhas voam.

Como P e Q são verdadeiras segue-se que:

a) $Q \rightarrow (\sim P)$ é falsa

b) $(\sim Q) \leftrightarrow P$ é falsa

c) (~Q)↔(~P) é verdadeira

d) Q → (P∧~Q) é falsa

e) P∨(~Q)→ (~P) é falsa

Logo, a alternativa correta é a letra c)

Resposta: c

Solução da Questão nº18

I. Se 7 + 3 = 9, então 7 + 7 = 15.
II. Se 5 + 5 = 9, então 6 + 6 = 12.
III. Se 6 + 6 = 12, então 5 + 5 = 11.
IV. Ou 6 + 6 = 12 e 5 + 5 = 11, ou 7 + 2 = 6.

Os valores-verdade (V, se verdadeiro; F, se falso) das proposições I, II, III e IV são, respectivamente,

I. Verdadeira, pois o antecedente é falso.
II. Verdadeira, pois o antecedente é falso.
III. Falsa, pois o antecedente é verdadeiro e o consequente é falso.
IV. Falsa, pois ambas as componentes da disjunção exclusiva são falsas.

Logo, a alternativa correta é a letra a)

Resposta: a

Solução da Questão nº19

Convenção:

P: "o muro é alto"

Q: "ele pulou o muro"

Tem-se que P é verdadeira e Q é falsa,

Simbolizando:

a) Q $\underline{\vee}$ P é verdadeira, pois apenas uma das componentes da disjunção exclusiva é verdadeira.
b) P→Q é falsa pois P é verdadeiro e Q é falso.
c) (~P)→Q é verdadeira, pois o antecedente é falso.
d) Q→(~P) é verdadeira, pois o antecedente é falso.
e) (~P)∨(~Q) é verdadeira, pois uma das componentes da disjunção exclusiva é verdadeira e a outra é falsa.

Logo, a alternativa correta é a letra b)

Resposta: b

Solução da Questão nº20

I. Se uma flor tem perfume, então 2 > 1.
II. Se 2 < 1, então a vida é curta.
III. O baralho está viciado ou eu estou lendo esta questão.
IV. Se x < y, então $x^2 < y^2$, para todo número inteiro.

Os valores lógicos (V, se verdadeira; F, se falsa) das proposições acima são, respectivamente,

I é verdadeira, pois o antecedente é falso;
II é verdadeira, pois o antecedente é falso;
III é verdadeira, pois uma das componentes da disjunção inclusiva é verdadeira;
IV é falsa, pois se x= -3 e y = -1 seque-se que -3<-1 porém 9>1. Ou seja, é possível exibir uma circunstância em que o antecedente é verdadeiro, porém o consequente é falso.

Logo, a alternativa correta é a letra e).

Resposta: e

Solução da Questão nº21

I. $(x+5=0)\rightarrow(x^2=25)$ é verdadeira, pois o valor de x que torna o antecedente V, também torna o consequente V
II. $(x^2=25)\rightarrow(x+5=0)$ é falsa, pois, x=5 torna o antecedente V, porém o consequente falso.
III. $(x+5=0)\leftrightarrow(x^2=25)$ é falsa, pois, x=5 torna a biimplicação falsa.

Logo, a alternativa correta é a letra a).

Resposta: a

Solução da Questão nº22

O diretor precisa falar, além do português, os idiomas inglês e alemão.

Alberto foi diretor antes de Pedro nessa empresa, logo,

Alberto fala Português

Alberto fala Inglês

Alberto fala Alemão

Pedro fala Português

Pedro fala Inglês

Pedro fala Alemão

José ainda não foi diretor, pois assumiu o cargo de gestor de investimentos.

Sobre Alberto, Pedro e José é CORRETO afirmar que:

Se José fala português, então Pedro fala inglês.

Visto que, o consequente da implicação é verdadeiro.

Resposta: d

Solução da Questão nº23

"Dado que o reator da usina aqueceu, então ocorreu vazamento ou a contaminação se propagou.", certo cidadão ficou em dúvida, pois tanto a veracidade das notícias sobre o vazamento como a veracidade das notícias sobre a propagação da contaminação eram diversas, ou seja, as notícias podiam ter valores verdade distintos dependendo de onde eram anunciadas. Assim, a notícia ora apresentada pode ser considerada falsa se for

I. falso que o reator da usina aqueceu, falso que o vazamento ocorreu e falso que a contaminação se propagou.
II. verdade que o reator da usina aqueceu, falso que o vazamento ocorreu e falso que a contaminação se propagou.
III. verdade que o reator da usina aqueceu, falso que o vazamento ocorreu e verdade que a contaminação se propagou.
IV. verdade que o reator da usina aqueceu, verdade que o vazamento ocorreu e falso que a contaminação se propagou.
V. verdade que o reator da usina aqueceu, verdade que o vazamento ocorreu e verdade que a contaminação se propagou.

Convenção:

P: o reator da usina aqueceu.

Q: ocorreu vazamento.

R: a contaminação se propagou.

Simbolização:

$P \rightarrow (Q \vee R)$

I. falso que o reator da usina aqueceu, falso que o vazamento ocorreu e falso que a contaminação se propagou.
II. verdade que o reator da usina aqueceu, falso que o vazamento ocorreu e falso que a contaminação se propagou.
III. verdade que o reator da usina aqueceu, falso que o vazamento ocorreu e verdade que a contaminação se propagou.

IV. verdade que o reator da usina aqueceu, verdade que o vazamento ocorreu e falso que a contaminação se propagou.

V. verdade que o reator da usina aqueceu, verdade que o vazamento ocorreu e verdade que a contaminação se propagou.

- $P \rightarrow (Q \vee R)$ é verdadeira na circunstância I, visto que P é falso.
- $P \rightarrow (Q \vee R)$ é falsa na circunstância II, visto que P é verdadeiro e $(Q \vee R)$ é falsa. Logo, a implicação é falsa.
- $P \rightarrow (Q \vee R)$ é verdadeira na circunstância III, visto que $(Q \vee R)$ é verdadeira.
- $P \rightarrow (Q \vee R)$ é verdadeira na circunstância IV, visto que $(Q \vee R)$ é verdadeira.
- $P \rightarrow (Q \vee R)$ é verdadeira na circunstância V, visto que $(Q \vee R)$ é verdadeira.

Logo, a alternativa correta é a letra b)

Resposta: b

Solução da Questão nº24

a) $\sim P \rightarrow \sim Q$
b) $\sim P \rightarrow Q$
c) $P \rightarrow \sim Q$
d) $\sim Q \rightarrow \sim P$
e) $\sim Q \rightarrow P$

A alternativa correta é a letra c), visto que o antecedente P é verdadeiro e o consequente ~Q é falso.

Resposta: c

Solução da Questão nº25

I. Se x é um número real e $x^2>4$, então $x>2$.
II. Se x é um número real e $x>2$, então $x^2>4$.
III. Se x é um número real e $x^2-4=0$, então $x=2$.
IV. Se x é um número real e $x=2$, então $x^2-4=0$.

A sequência CORRETA do respectivo valor verdade de cada uma das proposições acima é:

- I é falsa, visto que se $x= -3$, o antecedente será verdadeiro porém o consequente será falso.
- II é verdadeira
- III é falsa, pois se $x= - 4$, o antecedente será verdadeiro porém o consequente será falso.
- IV é verdadeira.

A alternativa correta é a letra e).

Resposta: e

Solução da Questão nº26

P e Q são proposições verdadeiras e R é uma proposição falsa:

I. P→(Q∧~R) é verdadeira, pois tanto antecedente quanto consequente são verdadeiros.
II. R→(Q∧P) é verdadeira, pois o antecedente é falso.
III. (~Q∧P)→~R é verdadeira, pois o consequente é verdadeiro.
IV. R↔Q é falsa, pois as componentes da biimplicação tem valor lógico diferentes.
V. P∨(R ∨Q) é verdadeira pois pelo menos uma das componentes da disjunção é verdadeira.

A alternativa correta é a letra a).

Resposta: a

Solução da Questão nº27

P: José foi se divertir,

Q: João foi à universidade e

R: José está de férias,

são, respectivamente, verdadeira, verdadeira e falsa.

Sejam também dadas as proposições compostas:

I. Se José está de férias, então ele foi se divertir e João não foi à universidade.
II. Se José foi se divertir, então ele não está de férias e João não foi à universidade.
III. Se João não foi à universidade, então José não está de férias, mas foi se divertir.

Simbolização:

I. R→ (P∧~Q)
II. P→((~R)∧ (~Q)).
III. (~Q)→((~R)∧P).

Valores Lógicos:

I. R→ (P∧~Q) é **verdadeira**, visto que R é falsa.
II. P→((~R)∧ (~Q)) é **falsa**, pois P é verdadeiro e ((~R)∧ (~Q)) ê falsa.
III. (~Q)→((~R)∧P) é **verdadeira**, visto que (~Q) é falsa

Logo, a alternativa correta é a letra a)

Resposta: a

Solução da Questão nº28

P é a proposição "José fez a prova" e

Q é a proposição "Pedro estudou",

"Não é verdade que se José não fez a prova então Pedro estudou"

Simbolização:

$\sim((\sim P) \rightarrow Q)$ é equivalente a $\sim P \wedge \sim Q$

Logo, a alternativa correta é a letra e)

Resposta: e

Solução da Questão nº29

p: "Bruna foi ao cinema".

q: "Caio foi jogar tênis".

"Caio foi jogar tênis ou Bruna não foi ao cinema"

Simbolização:

$q \vee \sim p$

$q \vee \sim p$ é equivalente a $\sim(p \wedge \sim q)$

Logo, a alternativa correta é a letra e)

Resposta: e

Solução da Questão nº30

Dados $A=\{x \in R / 2x+4=0\}$ e as seguintes proposições:

I. Se o Estado de Rio de Janeiro está na Região Sul, então $A= \{-1/2\}$.
II. Se o Estado de Rio de Janeiro está na Região Sudeste, então $A= \{-2\}$
III. Se o Estado de Rio de Janeiro está na Região Sudeste, então $A= \{-6\}$
IV. Se o Estado de Rio de Janeiro está na Região Sul, então $A= \{-2\}$.

Valor Lógico

- I é verdadeira, pois seu antecedente é falso.
- II é verdadeira, pois seu consequente é verdadeiro.
- III é falsa, pois seu antecedente é verdadeiro, mas seu consequente é falso.
- IV é verdadeira, seu antecedente é falso.

Logo, a alternativa correta é a letra c)

Resposta: c

Solução da Questão nº31

Sejam as proposições: p: Amir é estudioso. q: Amir é trabalhador. A alternativa abaixo que representa a proposição $\sim q \wedge \sim p$ é

a) Amir é trabalhador e estudioso.
b) Amir não é trabalhador ou não é estudioso
c) Amir não é trabalhador e é estudioso.
d) Amir não é trabalhador ou é estudioso.
e) Amir não é trabalhador e não é estudioso.

Resposta: e

Solução da Questão nº32

Baseando-se nas tabelas-verdade das proposições seguintes, a alternativa que representa um valor falso é:

A alternativa c) visto que o antecedente é verdadeiro e o consequente é falso.

a) se 2 + 2 = 4, então 2 é par
b) se 2 + 2 = 3, então 2 é ímpar
c) se 2 + 2 = 4, então 2 é ímpar
d) se 2 + 2 = 2, então 2 divide 3
e) se 2 + 2 = 2, então 2 – 2 = 2

Resposta: c

Solução da Questão nº33

$\sim(p \rightarrow \sim r) \rightarrow (q \wedge r)$ é equivalente a $(p \wedge r) \rightarrow (q \wedge r)$ e esta proposição é falsa se:

p e r são verdadeiras e q é falsa.

a) p e q são verdadeira e r falsa.
b) p, q e r são verdadeiras.
c) p e q são falsas e r verdadeira.
d) p, q e r são falsas.
e) p e r são verdadeiras e q é falsa.

Assim, a alternativa correta é a letra e).

Resposta: e

Capítulo 3
2º Grupo de Questões

Questão nº 34 (ANPAD/2015) Dadas duas proposições lógicas, p e q, tem-se que a proposição composta $(p\wedge(\sim q))\wedge((\sim p)\vee q)$ é:

a) Uma tese.
b) Um teorema.
c) Uma hipótese.
d) Uma tautologia.
e) Uma contradição.

Questão 35 (ANPAD/Set 2006) Considere as proposições a seguir.

I) Josi é morena ou não é verdade que Josi é morena e Jorge é loiro.

II) Ou o café não está quente ou o bolo não está delicioso se, e somente se, o café está quente e o bolo está delicioso.

Pode-se afirmar que:

a) ambas as proposições são tautologias.
b) ambas as proposições são contradições.
c) a proposição I é uma contradição e a II é uma tautologia.
d) a proposição I é uma tautologia e a II é uma contradição.
e) ambas as proposições não são tautologias.

Questão nº 36 A proposição composta "Maria vai ao cinema, ou não é verdade que Maria vai ao cinema e João vai ao médico" é

a) uma tautologia.
b) uma contingência.
c) uma contradição.
d) um silogismo.
e) um paradoxo.

Questão nº 37 (ANPAD/2002) Considere as seguintes sentenças:

I. $\sim(p\vee q) \leftrightarrow (\sim p\wedge\sim q)$.

II. $\sim(p\wedge q) \leftrightarrow (\sim p\wedge\sim q)$

III. $p \vee (p \wedge q) \leftrightarrow p$.

IV. $(p \wedge (q \vee r)) \leftrightarrow (p \wedge q) \vee (p \wedge r)$.

Dentre as quatro sentenças, as que representam tautologias são

a) II, III e IV
a) I, III e IV
b) apenas I e IV
c) apenas I e III
d) apenas II e IV
e) Nenhuma das respostas acima

Questão nº 38 (ANPAD/Fev2015) Considere a sentença: "Se é feriado, os bancos estão fechados.". A contrapositiva dessa sentença é:

a) Se os bancos não estão fechados, não é feriado;
b) Se os bancos estão fechados, não é feriado;
c) Se não é feriado, os bancos estão fechados;
d) Se os bancos estão fechados, é feriado;
e) Se é feriado, os bancos estão fechados.

Questão nº 39 (ANPAD/Fev2015) A proposição "A bola é azul ou a bala não é azeda." é logicamente equivalente à proposição:

a) "Se a bola é azul, então a bala é azeda."
b) "Se a bala é azeda, então a bola é azul."
c) "Se a bola não é azul, então a bala é azeda."
d) "Se a bala é azeda, então a bola não é azul."
e) "Se a bala não é azeda, então a bola não é azul."

Questão nº 40 (ANPAD/Fev2015) Considere a seguinte implicação lógica:

"Se é sábado ou domingo, então eu vou à praia e não ao trabalho."

A implicação acima é logicamente equivalente à implicação:

a) " Se eu não trabalho e vou à praia, então é sábado ou domingo."
b) "Se eu trabalho e não vou à praia, então pode ser segunda-feira."
c) "Se eu trabalho e não vou à praia, então não é sábado nem domingo."
d) "Se eu trabalho ou não vou à praia, então não é sábado, nem domingo."

e) "Se eu trabalho ou não vou à praia, então não é sábado, ou não é domingo."

Questão nº 41 (ANPAD/Fev2015) Adriano é um sujeito que sempre cumpre as suas promessas. No dia 1º de janeiro, ele fez a seguinte promessa: "Este ano, não viajarei no Carnaval ou viajarei na Semana Santa."
Conclui-se que, neste ano:

a) "Se Adriano viajar no Carnaval, então ele deverá viajar na Semana Santa."
b) "Se Adriano não viajar no Carnaval, então ele deverá viajar na Semana Santa."
c) "Se Adriano não viajar no Carnaval, então ele não deverá viajar na Semana Santa."
d) "Se Adriano viajar na Semana Santa, então ele necessariamente terá viajado no carnaval."
e) "Se Adriano viajar na Semana Santa, então ele necessariamente não terá viajado no carnaval."

Questão nº 42 (ANPAD/Set2015) Considere a seguinte proposição:

- P: "Se não chove, então não pula."
- A proposição $(\sim P) \leftrightarrow Q$ será uma contradição, se e somente se Q for logicamente equivalente à proposição:

a) "Se chove, então pula."
b) "Se pula, então chove."
c) "Se não pula, então chove."
d) "Se pula, então não chove."
e) "Se não pula, então não chove."

Questão nº 43 (ANPAD/Set2015) Sejam p e q proposições simples e considere a proposição composta S abaixo definida:
S: $\sim[(p \wedge (\sim q)) \vee q]$

A proposição composta S é logicamente equivalente à proposição:

a) $p \wedge q$
b) $p \vee q$
c) $\sim(p \vee q)$
d) $(\sim p) \vee q$
e) $p \vee (\sim q)$

Questão nº 44 (ANPAD/Set2015) Se é jovem e não é ateu, então é religioso praticante. Logicamente se conclui que, para aquele que

a) é jovem e ateu, não há como ser religioso praticante.
b) é religioso praticante, não ser ateu implica ser jovem.
c) não é religioso praticante, ser jovem implica ser ateu.
d) não é religioso praticante ou não é jovem, é certo ser ateu.
e) não é ateu, ser religioso praticante é o mesmo que ser jovem.

Questão nº 45 (ANPAD/ Junho2006) sejam as proposições:

- p: Bruna foi ao cinema
- q: Caio foi jogar tênis

Seja a proposição composta: Caio foi jogar tênis ou Bruna não foi ao cinema. Esta proposição pode ser escrita na linguagem simbólica como :

a) $\sim(\sim p \wedge \sim q)$
b) $\sim(\sim p \vee q)$
c) $\sim(p \vee \sim q)$
d) $\sim(\sim p \wedge q)$
e) $\sim(p \wedge \sim q)$

Questão nº 46 (ANPAD/junho2006) Seja a proposição: Se Davi pratica natação, então Nair joga volei. Uma proposição equivalente seria:

a) Davi pratica natação e Nair joga volei.
b) Davi não pratica natação ou Nair joga volei.
c) Se Nair joga volei, então Davi pratica natação.
d) Davi não pratica natação e Nair não joga volei.
e) Se Davi não pratica natação, então Nair não joga volei.

Questão nº 47 (ANPAD/junho de 2006) Considerando-se a proposição p : "se Rui é um bom poeta, então Jorge é Atleta", é correto afirmar que :

a) a contrapositiva de p é : "Se Rui não é um bom poeta, então Jorge não é um bom atleta!"
b) a contrapositiva de p é ;"Se Jorge não é atleta, então Rui não é um bom poeta".
c) a contrapositiva de p é :"Se Jorge é atleta, então Rui é bom atleta".
d) a reciproca de p é :"Se Rui não é um bom atleta, então Jorge não é atleta".
e) a reciproca de p é "Se Jorge não é atleta, então Rui não é um bom atleta".

Questão nº 48 (ANPAD/junho de 2006) A negação da proposição: "Se João é jogador de basquete, então ele é bonito" é:

a) se Joao não é jogador de basquete, então ele não é bonito.
b) se João não é bonito, então ele não e jogador de basquete.
c) João não é jogador de basquete ou ele é bonito.
d) João é jogador de basquete ou ele não e bonito.
e) João é jogador de basquete e ele não e bonito.

Questão nº 49 (ANPAD/2002) Considere as seguintes proposições simples:

- p: José é estudante;
- q: Maria é professora.

A proposição composta $\sim(\sim p \vee q)$, em linguagem corrente, é:

a) José não é estudante ou Maria é professora;
b) José é estudante ou Maria não é professora;
c) José não é estudante ou Maria não é professora;
d) José é estudante e Maria é professora;
e) José é estudante e Maria não é professora.

Questão nº 50 (ANPAD/2002) Considere as seguintes proposições simples:
p: pardais adoram frutas;
q: fazendeiros detestam pardais.
A proposição composta $\sim(p \wedge \sim q)$, em linguagem corrente, é:

a) É falso que pardais adoram frutas e que fazendeiros detestam pardais;
b) Fazendeiros detestam pardais ou pardais não adoram frutas;
c) É falso que pardais adoram frutas ou que fazendeiros detestam pardais
d) fazendeiros detestam pardais e pardais adoram frutas;
e) fazendeiros detestam pardais ou pardais adoram frutas.

Questão nº 51 (ANPAD) Considere as seguintes proposições simples:

- p: Luíza é bancária;
- q: Luíza é fumante.

A proposição composta $\sim(q \vee \sim p)$, em linguagem corrente, é:

a) Luíza não é bancária e não é fumante;
b) Luíza é bancária e não é fumante;
c) Luíza é fumante, mas não é bancária;
d) Luíza não é bancária ou é fumante;
e) Luíza é bancária ou fumante.

Questão nº 52 (ANPAD/fev 2013) Se na face se estampa a dor do coração, então a inveja vira pena ou o ódio vira perdão.
A declaração acima tem a forma: $(p \rightarrow (q \vee r))$, sendo

- p: na face se estampa a dor do coração.
- q: a inveja vira pena.
- r: o ódio vira perdão.

Se tal declaração é verdadeira, então, certamente, também é verdadeira:

a) Se a inveja vira pena e o ódio vira perdão, então na face se estampa a dor do coração.
b) Se a inveja vira pena ou o ódio vira perdão, então na face se estampa a dor do coração.
c) Se na face não se estampa a dor do coração, então a inveja não vira pena e o ódio não vira perdão.

d) Se a inveja não vira pena e o ódio não vira perdão, então na face não se estampa a dor do coração.
e) Se a inveja não vira pena ou o ódio não vira perdão, então na face não se estampa a dor do coração.

Questão nº 53 (ANPAD/fev2013) Paulo foi apresentar um trabalho em um congresso de lógica de primeira ordem em outro estado e deixou sua namorada Olívia com muitas saudades. Para amenizar a saudade, eles se comunicavam por mensagens de texto pelo celular. No dia anterior à sua volta, Paulo enviou a seguinte mensagem para Olívia: "Se tudo correr bem e o voo não atrasar, então nos encontraremos para jantar amanhã às 20h no local de sempre." Se o jantar não aconteceu na data e hora esperadas, pode-se concluir que:

a) o voo atrasou.
b) tudo correu mal e o voo atrasou.
c) tudo correu mal ou o voo atrasou.
d) nem tudo correu bem e o voo atrasou.
e) nem tudo correu bem ou o voo atrasou.

Questão nº 54 (ANPAD/Set 2006) Se P é a proposição " José fez a prova" e Q é a proposição " Pedro estudou", então a proposição composta "Não é verdade que se José não fez a prova então Pedro estudou." pode ser escrita na linguagem simbólica como

a) $\sim(\sim Q \wedge P)$.
b) $\sim(\sim P \vee Q)$.
c) $\sim(P \rightarrow Q)$.
d) $\sim P \rightarrow Q$.
e) $\sim P \wedge \sim Q$.

Questão nº 55 (ANPAD/2009) Dado que "se eu frear, o carro para", posso afirmar que

a) eu freei, e o carro não parou.
b) eu freio ou o carro não para.
c) eu não freio ou o carro para.
d) o carro parou sem eu frear.
e) se eu parei o carro, é porque eu freei.

Questão nº 56 (ANPAD 2010) Se quem come manga com leite passa mal; logo, quem

a) come manga passa mal.
b) não come manga com leite não passa mal.
c) não passou mal não comeu manga ou não tomou leite.
d) passa mal é só quem toma leite ou come manga.
e) toma leite passa mal.

Questão nº 57 (ANPAD 2010) A condição para ser estagiário no laboratório LEA é: "Se o candidato se sair bem na entrevista e/ou tiver bom currículo ou falar inglês, então ele será aceito no estágio". Logo, um acontecimento possível é um candidato

a) não ser aceito no estágio, apesar de ir bem na entrevista e de ter bom currículo.
b) não ser aceito no estágio, apesar de ir bem na entrevista e de falar inglês.
c) não ser aceito no estágio, apesar de ir bem na entrevista, de falar inglês e de ter bom currículo.
d) só ser aceito no estágio se for bem na entrevista, falar inglês e tiver bom currículo.
e) ser aceito no estágio, apesar de não ir bem na entrevista, não ter bom currículo e não falar inglês.

Questão nº 58 (ANPAD/2011) Assinale a alternativa que apresenta a negação da proposição "Se a concentração e a dedicação forem efetivas, então o aprendizado é consequência."

a) A concentração e a dedicação são efetivas, e a aprendizagem é consequência.
b) A concentração e a dedicação são efetivas, e a aprendizagem não é consequência.
c) A concentração e a dedicação não são efetivas, e a aprendizagem é consequência.
d) A concentração e a dedicação são efetivas, ou a aprendizagem não é consequência.
e) A concentração e a dedicação não são efetivas, e a aprendizagem não é consequência.

Questão nº 59 (ANPAD/2011) Quem não corre anda. Logo,

a) quem anda corre.
b) quem corre anda.
c) quem anda não corre.
d) quem não anda corre.
e) quem não anda não corre.

Questão nº 60 (ANPAD/2011) Se o computador estiver conectado à Internet, então trabalharei menos. Logo,

a) trabalharei menos e o computador estará conectado à Internet.
b) o computador estará conectado à Internet e eu não trabalharei mais.
c) o computador não estará conectado à Internet ou eu trabalharei menos.
d) se eu trabalhar menos, então o computador estará conectado à Internet.
e) se eu trabalhar menos, então o computador não estará conectado à Internet.

Questão nº 61 (ANPAD/2007) Sejam as proposições: p: "O cão é bravo" e q: "O gato é branco". A linguagem simbólica equivalente à proposição "Não é verdade que o cão é bravo ou o gato não é branco" é

a) $\sim p \wedge q$
b) $\sim p \vee \sim q$
c) $p \longrightarrow q$
d) $\sim p \vee q$
e) $p \vee \sim q$

Questão nº 62 (ANPAD/2007) Considere a proposição "Não é verdade que, se Maria não é elegante, então ela é inteligente".
Uma proposição logicamente equivalente é
a) "Maria é elegante ou é inteligente".
b) "Maria é elegante e não é inteligente".
c) "Maria não é elegante e é inteligente".
d) "Maria não é elegante e nem é inteligente".
e) "Maria não é elegante ou não é inteligente".

Questão nº 63 (ANPAD/2006) Seja a proposição "Se Davi pratica natação, então Nair joga vôlei". Uma proposição equivalente pode ser dada por

a) "Davi pratica natação e Nair joga vôlei".
b) "Davi não pratica natação ou Nair joga vôlei".
c) "Se Nair joga vôlei, então Davi pratica natação".
d) "Davi não pratica natação e Nair não joga vôlei".
e) "Se Davi não pratica natação, então Nair não joga vôlei".

Questão nº 64 (ANPAD/2006) Uma proposição equivalente a "Se Tadeu é economista, então Renato não é estudioso" é

a) "Se Renato é estudioso, então Tadeu não é economista".
b) "Se Renato é estudioso, então Tadeu é economista".
c) "Se Tadeu não é economista, então Renato é estudioso".
d) "Tadeu é economista ou Renato é estudioso".
e) "Tadeu é economista ou Renato não é estudioso".

Questão nº 65 (ANPAD/2006) Considere as seguintes proposições: p: "Hoje é quarta-feira". q: "Celso vai jogar boliche". A proposição composta $\sim(\sim p \vee q)$, em linguagem corrente, é expressa pela declaração:

a) "Hoje é quarta-feira e Celso não vai jogar boliche".
b) "Hoje é quarta-feira ou Celso não vai jogar boliche".
c) "Hoje não é quarta-feira e Celso vai jogar boliche".
d) "Hoje não é quarta-feira e Celso não vai jogar boliche".
e) "Hoje não é quarta-feira ou Celso não vai jogar boliche".

Questão nº 66 (ANPAD/2005) Sabe-se que "Se chegam visitas, o cachorro late". Assim, é CORRETO afirmar que

a) se não chegarem visitas, então o cachorro não latirá.
b) o fato de chegarem visitas é condição necessária para o cachorro latir.
c) o fato de chegarem visitas é condição suficiente para o cachorro latir.

d) o cachorro só vai latir se chegarem visitas.
e) se o cachorro latiu, então chegaram visitas.

Questão nº 657(ANPAD/2004) Dada a proposição: "Se Carla é solteira, então Maria é estudante", uma proposição equivalente é

a) "Carla é solteira e Maria é estudante".
b) "Se Maria é estudante, então Carla é solteira".
c) "Se Maria não estudante, então Carla não é solteira".
d) "Maria é estudante se, e somente se, Carla é solteira".
e) "Se Carla não é solteira, então Maria não é estudante".

Questão nº 68 (ANPAD/2004) Um vendedor fala para seu cliente: "quem tem dinheiro não compra fiado". O cliente escuta e repete: "quem não tem dinheiro compra fiado". Pode-se dizer que

a) as duas afirmações são equivalentes.
b) as duas afirmações não são equivalentes.
c) as duas afirmações não são inversas.
d) as duas afirmações são condicionais equivalentes.
e) as duas afirmações não são condicionais.

Questão nº 69 (ANPAD/2003) Considere as seguintes proposições simples p: João vai ao clube. q: Hoje é domingo. A proposição composta $\sim(p \wedge \sim q)$, em linguagem corrente, é

a) João vai ao clube ou hoje é domingo.
b) João vai ao clube e hoje é domingo.
c) João não vai ao clube e hoje não é domingo.
d) João não vai ao clube e hoje é domingo.
e) João não vai ao clube ou hoje é domingo.

Questão nº 70 (ANPAD/2003) Sejam as proposições p: João é inteligente e q: Paulo joga tênis. Então, $\sim(\sim p \vee q)$ em linguagem corrente, é

a) João é inteligente ou Paulo não joga tênis.
b) João é inteligente e Paulo não joga tênis.
c) João não é inteligente e Paulo não joga tênis.
d) João não é inteligente ou Paulo joga tênis.
e) João é inteligente ou Paulo joga tênis.

Questão nº 71 (ANPAD/2003) A CONTRAPOSITIVA da proposição "Se os preços aumentam, então as vendas diminuem". É

a) "Se os preços diminuem, então as vendas aumentam".

b) "Os preços diminuem e as vendas aumentam".
c) "Se os preços aumentam, então as vendas aumentam".
d) "As vendas aumentam ou os preços diminuem".
e) "Se as vendas aumentam, então os preços diminuem".

Questão nº 72 (ANPAD/2002) Se Rubens estudar, então passará no concurso. Deste modo, é correto afirmar que

a) Se Rubens não passar no concurso, então não terá estudado.
b) O estudo de Rubens é condição necessária para que ele passe no concurso.
c) Se Rubens não estudar, não passará no concurso.
d) Rubens passará no concurso só se estudar.
e) Mesmo que Rubens estude, ele não passará no concurso.

Questão nº 73 (ANPAD/2002) Sejam as proposições p: Luísa é bancária. ; q: Luísa é fumante. Então, a proposição $\sim(q \vee \sim p)$, em linguagem corrente é

a) "Luísa não é bancária e não é fumante".
b) "Luísa é bancária e não é fumante".
c) "Luísa é fumante, mas não é bancária".
d) "Luísa não é bancária ou é fumante".
e) "Luísa é bancária ou é fumante".

Questão nº 74 (ANPAD/2002) A proposição $p \rightarrow \sim q$ é equivalente a

a) $p \vee q$
b) $p \wedge \sim q$
c) $\sim p \vee q$
d) $\sim q \vee p$
e) $\sim p \vee \sim q$

Questão nº 75 (ANPAD/2002) A proposição $p \wedge (\sim p \vee q)$ é equivalente à proposição

a) $\sim p \vee q$
b) $p \wedge q$
c) $p \vee q$
d) $\sim p \wedge q$
e) $p \wedge \sim q$

Questão nº 76 (ANPAD/2002) Considere as seguintes proposições simples: p: José é estudante. q: Maria é professora. A proposição composta $\sim(\sim p \vee q)$, em linguagem corrente, é

a) "José não é estudante ou Maria é professora."

b) "José é estudante ou Maria não é professora."
c) "José não é estudante ou Maria não é professora."
d) "José é estudante e Maria é professora."
e) "José é estudante e Maria não é professora."

Questão nº 77 (ANPAD/2002) Considere a sentença "Se é feriado, os bancos estão fechados." A CONTRAPOSITIVA dessa sentença é

a) "Se os bancos não estão fechados, não é feriado."
b) "Se os bancos estão fechados, não é feriado."
c) "Se não é feriado, os bancos estão fechados."
d) "Se os bancos estão fechados, é feriado."
e) "Se é feriado, os bancos estão fechados."

Questão nº 78 (ANPAD/2002) Considere as seguintes proposições simples: p: Golfinhos comem sardinha. q: Cristina não gosta de golfinhos.
A proposição composta $\sim(p \wedge \sim q)$, , em linguagem corrente, é:

a) É falso que os golfinhos comem sardinha e que Cristina não gosta de golfinhos.
b) Cristina não gosta de golfinhos ou os golfinhos não comem sardinha.
c) É falso que os golfinhos comem sardinha ou que Cristina gosta de golfinhos.
d) Cristina gosta de golfinhos e os golfinhos comem sardinha.
e) Cristina gosta de golfinhos ou os golfinhos comem sardinha.

Questão nº 79 (ANPAD/2010) Seja dada a proposição "Todas as manhãs eu saio para fazer caminhada e, enquanto caminho, faço exercícios". É INCORRETO afirmar:

a) Se não saio, então não faço exercícios.
b) Saio todas as manhãs para fazer exercícios.
c) Pela manhã, saio para fazer exercícios.
d) Pela manhã, saio para fazer caminhada e exercícios.
e) Todas as manhãs, se eu caminhar, faço exercícios.

Questão nº 80 (ANPAD/2010) Uma forma de negar a proposição "Se o amor não fosse tão grande e a saudade não fosse infinita, eu não voltaria ou atrasaria minha volta" pode ser escrita como

a) O amor é tão grande, a saudade é infinita; eu volto e não atraso minha volta.
b) O amor é tão grande, a saudade é infinita; eu não volto e atraso minha volta.
c) O amor não é tão grande, a saudade não é infinita; em volto e não atraso minha volta.
d) Se o amor é tão grande e a saudade é infinita, então eu volto ou atraso minha volta.
e) Se eu não voltar ou atrasar minha volta, então o amor não é tão grande e a saudade não é infinita.

Questão nº 81 (ANPAD/2010) Sejam as proposições: P: Rui é rico. Q: Rui é elegante, R: Rui é carinhoso. A proposição $(P \wedge \sim Q) \rightarrow R$ é equivalente a

a) Rui é elegante ou carinhoso se, e somente se, ele é rico.
b) Rui é rico se, e somente se, ele não é elegante ou carinhoso.
c) Se Rui não é rico e é elegante ou carinhoso, então ele é elegante ou carinhoso.
d) Se Rui é rico, então ele é elegante ou carinhoso.
e) Se Rui não é elegante, não é carinhoso e é rico, então ele não é elegante e não é carinhoso.

Questão nº 82 (ANPAD/2002) Considere a sentença "Se é feriado, os bancos estão fechados." A CONTRAPOSITIVA dessa sentença é

a) "Se os bancos não estão fechados, não é feriado."
b) "Se os bancos estão fechados, não é feriado."
c) "Se não é feriado, os bancos estão fechados."
d) "Se os bancos estão fechados, é feriado."
e) "Se é feriado, os bancos estão fechados."

Questão nº 83 (ANPAD/2006) Se P é a proposição "José fez a prova" e Q é a proposição "Pedro estudou", então a proposição composta "Não é verdade que se José não fez a prova então Pedro estudou" pode ser escrita na linguagem simbólica como

a) $\sim(\sim Q \wedge P)$
b) $\sim(\sim P \wedge Q)$
c) $\sim(P \longrightarrow Q)$
d) $\sim P \longrightarrow Q$
e) $\sim P \wedge \sim Q$

Questão nº 84 (ANPAD/2006) A negação da proposição "Se João é jogador de basquete, então ele é bonito", é:
a) "Se João não é jogador de basquete, então ele não é bonito".
b) "Se João não é bonito, então ele não é jogador de basquete".
c) "João não é jogador de basquete ou ele é bonito".
d) "João é jogador de basquete ou ele não é bonito".
e) "João é jogador de basquete e ele não é bonito".

Questão nº 85 (ANPAD/2005) A negação de "Carmelinda é magra e loira" pode ser descrita por

a) "Carmelinda não é magra e não é loira".
b) "Carmelinda não é magra ou é loira".
c) "Carmelinda é magra e não é loira".
d) "Carmelinda não é magra ou não é loira".
e) "Carmelinda é magra ou não é loira".

Questão nº 86 (ANPAD/2004) A negação da proposição: "Pedro fala inglês e francês" é

a) "Pedro fala inglês ou fala francês".
b) "Pedro não fala inglês e fala francês".
c) "Pedro não fala inglês ou fala francês".
d) "Pedro não fala inglês e não fala francês".
e) "Pedro não fala inglês ou não fala francês".

Capítulo 4

Soluções das Questões do 2º Grupo

Solução da Questão nº34

Temos que:

$$(p\wedge(\sim q))\wedge((\sim p)\vee q)$$

é equivalente a

$$[(p\wedge(\sim q))\wedge(\sim p)] \vee [(p\wedge(\sim q))\wedge q]$$

que é equivalente a

$$[(p\wedge(\sim p))\wedge q] \vee [(p\wedge((\sim q)\wedge q))]$$

que é uma contradição.

Logo, a alternativa correta é a letra e)

Resposta: e

Solução da Questão nº35

Convenção:

P: Josi é morena

Q: Jorge é loiro

R: O café está quente.

S: O bolo está delicioso.

Simbolização

I) $P \vee\sim(P\wedge Q)$

II) $((\sim R) \underline{\vee} (\sim S)) \leftrightarrow (R\wedge S)$

Tem-se que:

$P \vee\sim(P\wedge Q)$ é equivalente a $P\vee((\sim P)\vee Q))$

$P\vee((\sim P)\vee Q))$ é equivalente a $(P\vee(\sim P))\vee Q$

$(P\vee(\sim P))\vee Q$ é uma tautologia.

E ((~R) ⊻ (~S)) ↔ (R∧S) é uma contradição como mostra a tabela abaixo:

R	S	(~R)	(~S)	((~R) ⊻ (~S))	(R∧S)	((~R) ⊻ (~S)) ↔ (R∧S)
V	V	F	F	F	V	F
V	F	F	V	V	F	F
F	V	V	F	V	F	F
F	F	V	V	V	F	F

Logo, podemos afirmar que a alternativa correta é a letra d).

Resposta: d

Solução da Questão nº36

Convenção:

P: Maria vai ao cinema.

Q: João vai ao médico.

Simbolização:

(P∨((~P∧Q))

Temos que (P∨((~P∧Q)) é equivalente a (P∨(~P))∧(P∨Q), que é equivalente a (P∨Q) que é uma contingência.

Logo, podemos afirmar que a alternativa correta é a letra b).

Resposta: b

Solução da Questão nº37

I. ~(p∨q) ↔ (~p∧~q) é uma tautologia, pela lei de De Morgan.

II. ~(p∧q) ↔ (~p∧~q) é uma contingência, conforme ilustra a tabela a seguir:

p	q	~p	~q	(p∧q)	~(p∧q)	(~p∧~q)	. ~(p∧q) ↔ (~p∧~q)
V	V	F	F	V	F	F	V
V	F	F	V	F	V	F	F
F	V	V	F	F	V	F	F
F	F	V	V	F	V	F	F

III. $p\vee(p\wedge q) \leftrightarrow p$ é uma tautologia, visto que $p\vee(p\wedge q) \leftrightarrow p$ é equivalente a $(p\vee p)\wedge(p\vee q)$ que é equivalente a $p\wedge(p\vee q)$ que é equivalente a p.

IV. $(p\wedge(q\vee r)) \leftrightarrow (p\wedge q)\vee(p \wedge r)$ é uma tautologia. Trata-se da distributividade do "∧" sobre o "∨".

Logo, a alternativa correta é a letra b)

Resposta: b

Solução da Questão nº38

A contrapositiva de $P\rightarrow Q$ é $\sim Q\rightarrow\sim P$.

Resposta: a

Solução da Questão nº39

$P\vee\sim Q$ é equivalente a $Q\rightarrow P$.

Resposta: b

Solução da Questão nº40

Convenção:
P: Hoje é sábado.
Q: Hoje é domingo.
R Eu vou à praia.
S: Eu vou ao trabalho.

Simbolização: $(P\vee Q) \rightarrow (R\wedge\sim S)$

$(P\vee Q)\rightarrow(R\wedge\sim S)$ é equivalente a $\sim(R\wedge\sim S)\rightarrow\sim (P\vee Q)$ que é equivalente a $((\sim R)\vee S)\rightarrow((\sim P)\wedge(\sim Q))$.

Resposta: d

Solução da Questão nº41

Convenção:
P: Este ano Adriano viajara no carnaval.
Q: Este ano Adriano viajara na Semana Santa.

Simbolização: $(\sim P)\vee Q$

$(\sim P)\vee Q$ é equivalente a $(\sim\sim P)\rightarrow Q$ que é equivalente a $P\rightarrow Q$.

Resposta: a

Solução da Questão nº42

Convenção:
A: Chove.
B: Pula.

P é da forma ~A→~B.

(~P)↔Q serás uma contradição se e somente se Q for a negação de (~P). Isto é, P.

Assim sendo Q que deve ser ~A→~B, que é equivalente a (~~B)→(~~A). Que é equivalente a B→A.

Resposta: b

Solução da Questão nº43

~[(p∧(~q))∨q] é equivalente a [(~p)∨(~~q)]∧~q , que é equivalente a [(~p)∧(~q)] ∨[(~~q)∧~q]. Que é equivalente à [(~p)∧(~q)]. Que é equivalente a ~[p∨q].

Resposta: c

Solução da Questão nº44

Se é jovem e não é ateu, então é religioso praticante. Logicamente se conclui que, para aquele que:

Convenção:
P: Ser jovem.
Q: Ser ateu.
R: Ser religioso.

Simbolização: [P∧(~Q)]→R

Pela contrapositiva [P∧(~Q)]→R é equivalente a (~R)→~[P∧(~Q)].

(~R)→~[P∧(~Q)] é equivalente a (~R)→[(~P)∨(~~Q)].

(~R)→[(~P)∨(~~Q)] é equivalente a (~R)→[(~P)∨Q]
(~R)→[(~P)∨Q] é equivalente a (~R)→[P→Q]

Isto é, não é religioso praticante, ser jovem implica ser ateu.

Resposta: c

Solução da Questão nº45

Simbolização: q∨~p

$q \vee \sim p$ é equivalente a $\sim(p \wedge \sim q)$.

Resposta: e

Solução da Questão nº46

$P \to Q$ é equivalente a $(\sim P) \vee Q$.

Resposta: b

Solução da Questão nº47

A contrapositiva de $A \to B$ é $(\sim B) \to (\sim A)$.

Resposta: b

Solução da Questão nº48

A negação de $A \to B$ é $A \wedge \sim B$.

Resposta: e

Solução da Questão nº49

$\sim(\sim p \vee q)$ é equivalente a $(\sim\sim p) \wedge \sim q$.

Resposta: e

Solução da Questão nº50

$\sim(p \wedge \sim q)$ é equivalente a $(\sim\sim q \vee \sim p)$. Que é equivalente a $(q \vee \sim p)$.

Resposta: b

Solução da Questão nº51

$\sim(q \vee \sim p)$ é equivalente a $(\sim\sim p) \wedge (\sim q)$. Que é equivalente a $p \wedge \sim q$.

Resposta: b

Solução da Questão nº52

$(p \to (q \vee r))$ é equivalente a $[\sim(q \vee r)] \to \sim p]$. Que é equivalente a $[(\sim q) \wedge (\sim r)] \to \sim p)$.

Resposta: d

Solução da Questão nº53

Convenção:

P: Tudo correu bem.

Q: O voo atrasou.

R: Nos encontraremos para jantar as 20 horas.

Simbolização: $(P \wedge (\sim Q)) \to R$.

A contrapositiva de (P∧(~Q))→R é (~R)→~[P∧(~Q)]. Como aconteceu (~R), conclui-se: ~[P∧(~Q)]. Ou seja: (~P)∨(~~Q). Isto é, (~P)∨Q.

Resposta: e

Solução da Questão nº54

~((~P)→Q) é equivalente a (~P)∧(~Q).

Resposta: e

Solução da Questão nº55

P→Q é equivalente a (~P)∨Q.

Resposta: c

Solução da Questão nº56

(P∧Q)→R é equivalente a [(~R)→~(P∧Q)], que é equivalente a (~R)→(~P)∨(~Q).

Resposta: c

Solução da Questão nº57

Convenção:
P: O candidato se sai bem na entrevista.
Q: O candidato tem um bom currículo.
R: O candidato fala inglês.
S: O candidato será aceito no estágio.

Simbolização: ((P∨(Q∨R))→S
As alternativas a), b) e c) tornam o antecedente da implicação ((P∨(Q∨R))→S verdadeiro, porém o consequente falso. Logo em tais alternativas ((P∨(Q∨R))→S seria falsa.
A alternativa d) exige que P, Q e R sejam simultaneamente verdadeiras para que S o seja, o que não é o caso.
A alternativa e), torna a implicação ((P∨(Q∨R))→S verdadeira, em virtude de P, Q e R serem falsas.

Resposta: e

Solução da Questão nº58

A negação de (P∧Q)→R é (P∧Q)∧~R.

Resposta: b

Solução da Questão nº59

Convenção:
P: Anda.
Q: Corre.

Simbolização: (~Q)→P

Pela contrapositiva tem-se que $(\sim Q)\rightarrow P$ é equivalente a $(\sim P)\rightarrow(\sim\sim Q)$, ou seja: $(\sim P)\rightarrow Q$.

Resposta: d

Solução da Questão nº60

$P\rightarrow Q$ é equivalente a $(\sim P)\vee Q$.

Resposta: c

Solução da Questão nº61

"Não é verdade que o cão é bravo ou o gato não é branco"

Simbolização: $\sim(P\vee\sim Q)$

$\sim(P\vee\sim Q)$ é equivalente a $(\sim P)\wedge(\sim\sim Q)$, que é equivalente a $(\sim P)\wedge Q$.

Resposta: a

Solução da Questão nº62

"Não é verdade que, se Maria não é elegante, então ela é inteligente".
Simbolização: $\sim[(\sim P)\rightarrow Q]$
$\sim[(\sim P)\rightarrow Q]$ é equivalente a $(\sim P)\wedge(\sim Q)$. Isto é:

"Maria não é elegante e nem é inteligente".

Resposta: d

Solução da Questão nº63

"Se Davi pratica natação, então Nair joga vôlei."

Simbolização: $P\rightarrow Q$

$P\rightarrow Q$ é equivalente a $(\sim P)\vee Q$. Isto é:

"Davi não pratica natação ou Nair joga vôlei".

Resposta: d

Solução da Questão nº64

"Se Tadeu é economista, então Renato não é estudioso."

Simbolização: $P\rightarrow(\sim Q)$

$P\rightarrow(\sim Q)$ é equivalente a $(\sim\sim Q)\rightarrow(\sim P)$, que é equivalente a $Q\rightarrow(\sim P)$, isto é:

"Se Renato é estudioso, então Tadeu não é economista".

Resposta: a

Solução da Questão nº65

p: "Hoje é quarta-feira". q: "Celso vai jogar boliche".

$\sim(\sim p \vee q)$, é equivalente a $(\sim\sim p) \wedge (\sim q)$. Isto é:

"Hoje é quarta-feira e Celso não vai jogar boliche".

Resposta: a

Solução da Questão nº66

"Se chegam visitas, o cachorro late".

Numa implicação o antecedente é uma condição suficiente para o consequente. Logo:
o fato de chegarem visitas é condição suficiente para o cachorro latir.

Resposta: c

Solução da Questão nº67

"Se Carla é solteira, então Maria é estudante."

$P \to Q$ é equivalente a $(\sim Q) \to (\sim P)$

"Se Maria não estudante, então Carla não é solteira".

Resposta: c

Solução da Questão nº68

"quem tem dinheiro não compra fiado". O cliente escuta e repete: "quem não tem dinheiro compra fiado". Pode-se dizer que

As duas afirmações não são equivalentes, pois $P \to \sim Q$ não é equivalente a $(\sim P) \to Q$.

Resposta: b

Solução da Questão nº69

p: João vai ao clube. q: Hoje é domingo.

$\sim(p \wedge \sim q)$ é equivalente a $(\sim p) \vee (\sim\sim q)$, que é equivalente a $(\sim p) \vee q$. Isto é:

João não vai ao clube ou hoje é domingo.

Resposta: e

Solução da Questão nº70

p: João é inteligente e q: Paulo joga tênis.

$\sim(\sim p \vee q)$ é equivalente a $(\sim\sim p) \wedge (\sim q)$, que é equivalente a $(p) \wedge (\sim q)$. Isto é,

João é inteligente e Paulo não joga tênis.

Resposta: b

Solução da Questão nº71

A CONTRAPOSITIVA de $P \to Q$ é $(\sim Q) \to (\sim P)$.
Assim a contrapositiva de "Se os preços aumentam, então as vendas diminuem". é:

"Se as vendas aumentam, então os preços diminuem".

Resposta: e

Solução da Questão nº72

"Se Rubens estudar, então passará no concurso." Deste modo, é correto afirmar que

Se Rubens não passar no concurso, então não terá estudado.

Ou seja: $P \to Q$ é equivalente a $(\sim Q) \to (\sim P)$.

Resposta: a

Solução da Questão nº73

$\sim(q \vee \sim p)$ é equivalente a $(\sim q) \wedge (\sim\sim p)$, que é equivalente a $(\sim q) \wedge (p)$, que é equivalente a $p \wedge \sim q$

"Luísa é bancária e não é fumante".

Resposta: b

Solução da Questão nº74

$p \to \sim q$ é equivalente a $\sim p \vee \sim q$

Resposta: e

Solução da Questão nº75

$p \wedge (\sim p \vee q)$ é equivalente à $(p \wedge \sim p) \vee (p \wedge q)$, que é equivalente a $p \wedge q$.

Resposta: b

Solução da Questão nº76

p: José é estudante. q: Maria é professora.
A proposição composta $\sim(\sim p \vee q)$ é a $(\sim\sim p) \wedge (\sim q)$, que é equivalente a $p \wedge (\sim q)$. Isto é:

"José é estudante e Maria não é professora."

Resposta: e

Solução da Questão nº77

"Se é feriado, os bancos estão fechados." A CONTRAPOSITIVA dessa sentença é

"Se os bancos não estão fechados, não é feriado."

Resposta: a

Solução da Questão nº78

p: Golfinhos comem sardinha. q: Cristina não gosta de golfinhos.
$\sim(p \wedge \sim q)$ é equivalente a $(\sim p) \vee (\sim\sim q)$, que é equivalente a $q \vee (\sim p)$.

Cristina não gosta de golfinhos ou os golfinhos não comem sardinha.

Resposta: b

Solução da Questão nº79

Todas as manhãs eu saio para fazer caminhada e, enquanto caminho, faço exercícios". É INCORRETO afirmar:

Se não saio, então não faço exercícios.

Resposta: a

Solução da Questão nº80

"Se o amor não fosse tão grande e a saudade não fosse infinita, eu não voltaria ou atrasaria minha volta" pode ser escrita como

Simbolização da Negação: $\sim\{ [(\sim p)\wedge(\sim q)]\rightarrow[(\sim r)\vee s] \}$

$\sim\{ [(\sim p)\wedge(\sim q)]\rightarrow[(\sim r)\vee s] \}$ é equivalente a $[(\sim p)\wedge(\sim q)]\wedge[(\sim\sim r)\vee\sim s]$, que é equivalente a $[(\sim p)\wedge(\sim q)]\wedge[(r)\vee\sim s]$. Isto é:

O amor não é tão grande, a saudade não é infinita; eu volto e não atraso minha volta.

Resposta: c

Solução da Questão nº81

P: Rui é rico. Q: Rui é elegante. R: Rui é carinhoso.

A proposição $(P\wedge\sim Q)\rightarrow R$ é equivalente a $\sim(P\wedge\sim Q)\vee R$, que é equivalente a $(\sim P)\vee(\sim Q)\vee R$, que é equivalente a $P\rightarrow(\sim Q\vee R)$

Se Rui é rico, então ele não é elegante ou é carinhoso.

Resposta: d

Solução da Questão nº82

"Se é feriado, os bancos estão fechados." A CONTRAPOSITIVA dessa sentença é

"Se os bancos não estão fechados, não é feriado."

Resposta: a

Solução da Questão nº83

P: "José fez a prova"
Q: "Pedro estudou",
Simbolização de "Não é verdade que se José não fez a prova então Pedro estudou":
$\sim[(\sim P)\rightarrow Q]$

$\sim[(\sim P)\rightarrow Q]$ é equivalente a $\sim P\wedge\sim Q$

Resposta: e

Solução da Questão nº84

A negação da proposição "Se João é jogador de basquete, então ele é bonito", é:

"João é jogador de basquete e ele não é bonito".

Resposta: e

Solução da Questão nº85

A negação de "Carmelinda é magra e loira" pode ser descrita por

"Carmelinda não é magra ou não é loira".

Resposta: d

Solução da Questão nº86

A negação da proposição: "Pedro fala inglês e francês" é

"Pedro não fala inglês ou não fala francês".

Resposta: e

Capítulo 5
3º Grupo de Questões

Questão nº 87 (ANPAD/jun2015) Considere p, q e r proposições simples que compõem as seguintes premissas de um argumento:

I. $(\sim p) \rightarrow q$
II. $(\sim q) \vee r$

Uma conclusão que torna o argumento válido é:

a) $r \rightarrow p$
b) $q \rightarrow p$
c) $(\sim r) \rightarrow q$
d) $(\sim r) \rightarrow p$
e) $(\sim r) \rightarrow (\sim p)$

Questão nº 88 (ANPAD/set2006) . O argumento que NÃO é valido é:

a) O céu é azul e a terra é amarela. Logo, a terra é amarela.
b) Manuel é rico. Todos os homens ricos são divertidos. Logo, Manuel é divertido.
c) O céu é azul ou a grama é verde. Logo, a grama é verde.
d) Dinheiro é tempo e tempo é dinheiro. Logo, dinheiro é tempo.
e) O domingo é divertido e tudo é azul. Logo, tudo é azul.

Questão nº 89 (ANPAD/2002) Considere os seguintes argumentos:

I. Se 7 é menor que 4, então 7 não é primo. Mas 7 não é menor que 4, logo 7 é primo.
II. Se Londres está na Dinamarca, então Paris não está na França. Mas Paris está na França, portanto Londres está na Dinamarca.
III. Se 5 é um número primo, então 5 não divide 15. Mas 5 divide 15, logo 5 não é um número primo.

A validade dos argumentos I, II, III forma, respectivamente, a seguinte sequência:

a) Válido, Válido, Válido
b) Não válido, Não válido, Válido
c) Válido, Não válido, Válido
d) Válido, Válido, Não válido
e) Não válido, Não válido, Não válido

Questão nº 90 (ANPAD/2002) Se Felipe toca violão, ele canta. Se Felipe toca piano, então ele não canta. Logo

a) Se Felipe não toca violão, então ele não toca piano.
b) Se Felipe toca violão, então ele não toca piano.
c) Se Felipe toca violão, então ele não canta.
d) Se Felipe canta, então ele não toca violão.
e) Se Felipe toca piano, então ele canta.

Questão nº 91 (ANPAD/2009) Dado o texto "Neste mundo capitalista, a política define o que se pode ganhar, porque ela, além de elaborar as regras, também as aplica.", pode-se afirmar que

a) a proposição "no mundo capitalista, a política define o que se pode ganhar" é a conclusão do argumento sugerido.
b) a proposição "no mundo capitalista, a política define o que se pode ganhar" é a premissa do argumento sugerido.
c) não há conclusão no argumento estabelecido no texto.
d) não há premissa no argumento delineado no texto.
e) o texto não consiste em um argumento.

Questão nº 92 (ANPAD/2009) Considera as seguintes proposições verdadeiras.

I. Célia não é escritora ou Paulo é atleta.
II. Sara é míope ou Paulo não é atleta.
III. Paulo não é atleta ou Sara não é míope.
IV. Se Sara não é míope, então Célia é escritora.

Então, pode-se concluir que

a) Célia é escritora, Paulo não é atleta e Sara é míope.
b) Célia é escritora, Paulo não é atleta e Sara não é míope.
c) Célia não é escritora, Paulo é atleta e Sara é míope.
d) Célia não é escritora, Paulo não é atleta e Sara é míope.
e) Célia não é escritora, Paulo não é atleta e Sara não é míope.

Questão nº 93 (ANPAD/2009) Se Pedro está na empresa, Mário e Cíntia estão de folga do trabalho na empresa. Se Cíntia está de folga do trabalho na empresa, Bruno não vai à escolinha. Se Bruno não vai à escolinha, Pietra também não vai. Ora, Bruno foi à escolinha. Logo, pode-se concluir que

a) Cíntia não está de folga do trabalho na empresa.
b) Mário não está de folga do trabalho na empresa.

c) Cíntia não está de folga do trabalho na empresa e Pietra foi à escolinha.
d) Pedro e Cíntia estão na empresa.
e) Pedro não está na empresa e Mário está na empresa.

Questão nº 94 (ANPAD/2009) Quatro irmãos decidiram que não passarão juntos um determinado feriadão, cada um indo para uma cidade diferente: ou Paulo irá para Curitiba, ou Pedro irá para Belém, ou Pierre irá para Campo Grande; se Polércio for para Fortaleza, então Pierre irá para Campo Grande; se Pedro for para Belém, então Polércio irá para Fortaleza. Ora, Pierre não irá para Campo Grande. Logo,

a) Paulo irá para Curitiba ou Pedro não irá para Belém.
b) Paulo não irá para Curitiba e Polércio não irá para Fortaleza.
c) Pedro irá para Belém ou Polércio irá para Fortaleza.
d) Pedro não irá para Belém e Polércio irá para Fortaleza.
e) Pedro não irá para Belém e Paulo não irá para Curitiba.

Questão nº 95 (ANPAD/2009) Dadas as proposições sobre a empresa X: p: Se as vendas diminuem, então a empresa vai à falência. q: Se o custo de produção sobe, então os preços sobem. r: Se os preços sobem, então as vendas diminuem. Sabe-se que a empresa X não foi à falência, então

a) as vendas não aumentaram
b) as vendas diminuíram
c) o custo de produção não subiu
d) os preços diminuíram
e) os preços subiram

Questão nº 96 (ANPAD/2009) Considere as seguintes proposições como premissas:

I. Alberto não vai ao shopping ou Beatriz vai à praia.
II. Se Alberto não vai ao shopping, então Beatriz e Carlos irão acampar.
III. Beatriz e Carlos irão acampar se, e somente se, existirem condições climáticas favoráveis para a prática de tal atividade.

Como Beatriz não foi à praia, a conclusão para que esse argumento seja inválido é

a) "Alberto não foi ao shopping e Beatriz e Carlos foram acampar."
b) "Alberto não foi ao shopping e existem condições climáticas favoráveis à prática do camping."
c) "Alberto não foi ao shopping ou Beatriz e Carlos foram acampar com condições climáticas favoráveis à prática do camping."
d) "Se Beatriz e Carlos foram acampar com condições climáticas favoráveis à prática de tal esporte, então Alberto foi ao shopping."

e) "Se existem condições climáticas favoráveis à prática do camping, então Alberto não foi ao shopping."

Questão nº 97(ANPAD/2010) Uma notícia foi assim divulgada: "Se a inflação subir dois pontos percentuais, o salário será reajustado em um ponto percentual." Acontece que o reajuste salarial foi de três pontos percentuais. Logo,

a) a inflação subiu dois pontos percentuais.
b) a inflação subiu seis pontos percentuais.
c) a regra estabelecida na notícia não foi violada.
d) a regra estabelecida na notícia foi violada.
e) a regra garante o reajuste dos três pontos anunciados.

Questão nº 98 (ANPAD/2010) Se eu corro, eu me condiciono fisicamente. Se eu me condiciono fisicamente, eu fico resistente a resfriados. Agora eu não estou condicionado fisicamente; logo,

a) eu não fico resistente a resfriados.
b) eu corro e fico resistente a resfriados.
c) eu corro e não fico resistente a resfriados.
d) eu não corro e não fico resistente a resfriados.
e) eu não corro ou não fico resistente a resfriados.

Questão nº 99 (ANPAD/2010) Seja dado o seguinte argumento: "Se ele tem muitos amigos, ele os respeita como indivíduos. Se os respeita como indivíduos, então ele não pode esperar que todos eles se comportem da mesma maneira. Ele tem muitos amigos. Portanto, não espera que todos eles se comportem da mesma maneira." Considerem-se as letras sentenciais: A: Ele tem muitos amigos; R: Ele respeita seus amigos como indivíduos e E: Ele espera que todos os amigos se comportem da mesma maneira. Então, qual das seguintes alternativas representa uma formalização horizontal desse argumento?

a) $A \to R, R \to \sim E, A \vdash \sim E$.
b) $A \to R, \sim E \to R, A \vdash \sim E$.
c)) $R \to A, R \to \sim E, A \vdash \sim E$.
d) $A \to R, R \to \sim E, A \vdash E$.
e) $\sim E, R \to \sim E, A \vdash R$.

Questão nº 100 (ANPAD/2010) Sejam dadas as sentenças: "P: Marcus se saiu bem na prova de estatística" e "Q: Sabrina se saiu bem na prova de matemática e de estatística". Sabendo-se, além disso, que Marcus e Sabrina se saíram bem na prova de estatística, pode-se concluir que

a) $P \rightarrow Q$ é verdade.
b) $Q \rightarrow P$ é verdade.
c) $P \rightarrow Q$ é falso.
d) $Q \rightarrow P$ é falso.
e) $Q \wedge P$ é verdade.

Questão nº 101 (ANPAD/2010) Se tudo que é amor é proibido e toda proibição é cobiçada, então

a) tudo que é cobiçado é amor.
b) tudo que é proibido é amor.
c) tudo que não é cobiçado é proibido.
d) tudo que é amor é cobiçado.
e) tudo que não é amor não é cobiçado.

Questão nº 102(ANPAD/2010) Você sabe que "Se chover, então Roger não sairá de casa". Como Roger saiu de casa, você conclui que não choveu. Esse processo de inferência

a) é apenas indutivo.
b) é apenas dedutivo.
c) é indutivo e dedutivo.
d) é predicativo.
e) é tanto indutivo como predicativo.

Questão nº 103 (ANPAD/2010) Se Elias for ao cinema, então Graça é dentista. Felipe é cozinheiro, ou Diana é professora, ou graça é dentista. Se Diana é professora, então Elias irá ao cinema. Ora, Graça não é dentista. Então, conclui-se que

a) Diana é professora e Graça não é dentista.
b) Diana é professora ou Elias irá ao cinema.
c) Diana não é professora e Elias irá ao cinema.
d) Felipe é cozinheiro e Diana não é professora.
e) Felipe não é cozinheiro e Elias não irá ao cinema.

Questão nº 104 (ANPAD/2010) Se Alberto está na portaria, ele, sempre que Maria chega atrasada à empresa, anota em um caderno o tempo de atraso dessa funcionária. Hoje, Maria foi trabalhar e Alberto não anotou no caderno o tempo de atraso dela. Logo, pode-se concluir, com certeza, que hoje

a) Maria chegou atrasada.
b) Maria não chegou atrasada.

c) Maria chegou atrasada, mas Alberto não estava na portaria.
d) Maria não chegou atrasada e Alberto estava na portaria.
e) Maria não chegou atrasada ou Alberto não estava na portaria.

Questão nº 105(ANPAD/2010) Se quem come manga com leite passa mal; logo, quem

a) come manga passa mal.
b) não come manga com leite não passa mal.
c) não passou mal não comeu manga ou não tomou leite.
d) passa mal é só quem toma leite ou come manga.
e) toma leite passa mal.

Questão nº 106 (ANPAD/2010) Observe as sentenças: "Se eu estudar, passarei no concurso" e "Eu passarei no concurso ou não estudarei". Logo,

a) não se pode concluir a segunda sentença com base na primeira.
b) não se pode concluir a primeira sentença com base na segunda.
c) pode-se afirmar que as duas sentenças não são proposições lógicas.
d) pode-se afirmar que as duas sentenças são proposições lógicas equivalentes.
e) pode-se concluir que, se eu passei no concurso, então eu estudei.

Questão nº 107 (ANPAD/2011) Uma universidade pode optar entre uma das duas formas a seguir para realizar o processo de seleção de alunos para os seus cursos de graduação: um novo processo seletivo ou o vestibular tradicional. Se optar por um novo processo seletivo, então a universidade optará pelo ENEM (Exame Nacional do Ensino Médio) e pela aplicação de uma nova prova de vestibular. Se adotar o ENEM, então ela utilizará a nota média das edições do ENEM de que cada candidato participou. Se adotar uma nova prova de vestibular, a prova será específica para a área de cada curso (saúde, exatas, humanas, etc.). Sabe-se que a universidade não adotará a nota média das edições do ENEM de que cada candidato participou. Logo, a universidade

a) adotará o vestibular tradicional e o ENEM.
b) adotará o vestibular tradicional ou aplicará uma nova prova de vestibular.
c) adotará um novo processo seletivo e aplicará uma nova prova de vestibular.
d) adotará um novo processo seletivo, mas não aplicará uma nova prova de vestibular.
e) aplicará uma nova prova de vestibular, mas não adotará a nota média das edições do ENEM.

Questão nº 108 (ANPAD/2011) Definindo as letras sentenciais A, B e C como: A: O carro é veloz. B: A rua está livre. C: Eu chegarei a tempo. As premissas $(A \vee B) \rightarrow C$ e $\sim C$ nos possibilitam concluir que

a) o carro é veloz e não chegarei a tempo.

b) a rua não está livre e o carro não é veloz.
c) não é verdade que a rua não está livre ou que o carro é veloz.
d) não é verdade que a rua não está livre e que o carro não é veloz.
e) não é verdade que o carro é veloz ou que não chegarei a tempo.

Questão nº 109(ANPAD/2011) Se ela sai, então ele não volta. Se ela não sai, então eu não vou. Agora, eu vou; logo,

a) ela sai e ele volta.
b) ele volta e ela não sai.
c) ele não volta e ela sai.
d) ela não sai e ele não volta.
e) ela não sai ou ele volta.

Questão nº 110 (ANPAD/2011) Se Belarmino é mais alto do que Amélia, então Amélia e Antônia têm a mesma altura. Se Amélia e Antônia têm a mesma altura, então Cássia é mais baixa do que Paulo. Se Cássia é mais baixa do que Paulo, então Emerson é mais alto do que Cássia. Ora, Emerson não é mais alto do que Cássia. Logo,

a) Cássia é mais baixa do que Paulo e Amélia e Antônia têm a mesma altura.
b) Amélia e Antônia têm a mesma altura, e Belarmino é mais alto do que Amélia.
c) Cássia não é mais baixa do que Paulo, e Amélia e Antônia têm a mesma altura.
d) Amélia e Antônia não têm a mesma altura, e Belarmino é mais alto do que Amélia.
e) Cássia não é mais baixa do que Paulo, e Belarmino não é mais alto do que Amélia.

Questão nº 111 (ANPAD/2011) Se Ivan não é italiano, então Amélia é alemã, e Magda é inglesa. Se Ivan é italiano, então Bernardo é brasileiro ou Gregório é grego. Se Gregório é grego, France é francesa. Mas France é francesa se, e somente se, não for verdade que Elena não é espanhola. Porém, Elena não é espanhola. Logo,

a) Ivan é italiano.
b) Amélia não é alemã.
c) Bernardo é brasileiro.
d) Magda não é inglesa.
e) Gregório não é grego.

Questão nº 112 (ANPAD/2011) Se José viaja, então seu filho Pedro joga bola conosco. Se a mãe de Pedro viaja, então Pedro não joga bola conosco. Assim, pode-se afirmar:

a) Pedro só joga bola conosco se seu pai viajar.

b) Se Pedro está jogando bola conosco, então seu pai viajou.
c) Se Pedro está jogando bola conosco, então sua mãe não viajou.
d) É certo que o pai está em casa, já que Pedro está jogando bola conosco.
e) É certo que a mãe está em casa, já que Pedro está jogando bola conosco.

Questão nº 113 (ANPAD/2011) Quando se fala de proposições, fala-se de verdade e falsidade; quando se fala de argumento, fala-se em validade e invalidade. Sejam dados os argumentos a seguir:

I. Se Pedro for ao cinema, tomará sorvete. Sabe-se que ele foi ao cinema. Portanto, ele tomará sorvete.
II. Se Pedro for ao cinema, tomará sorvete. Sabe-se que ele não foi ao cinema. Portanto, ele não tomará sorvete.
III. Se Pedro for ao cinema, tomará sorvete. Sabe-se que ele não tomou sorvete. Portanto, ele não foi ao cinema.

Os argumentos I, II e III são, respectivamente,

a) válido, válido e válido.
b) válido, inválido e válido.
c) válido, válido e inválido.
d) inválido, inválido e válido.
e) inválido, válido e inválido.

Questão nº 114 (ANPAD/2011) Em uma conversa com o professor, Pedro anotou as seguintes proposições:

I. Se eu estudar, então irei bem na prova ou aprenderei a matéria.
II. Se eu for bem na prova, então passarei de ano.
III. Se eu aprender a matéria, então passarei de ano.

Nesses termos, assinale a alternativa que apresenta uma conclusão possível.

a) Se Pedro estudar, então passará de ano.
b) Estudar é condição necessária para passar de ano.
c) Pedro aprenderá a matéria mesmo não estudando.
d) Se Pedro estudar, ainda assim não passará de ano.
e) Pedro ir bem na prova implica ele ter aprendido a matéria.

Questão nº 115 (ANPAD/2006) Cinco amigos, André, Celso, Daniel, Hugo e Mário, prestam exame de seleção para a Aeronáutica. Sabe-se que, se André estudou, Celso foi aprovado; se Daniel foi aprovado, André estudou; se Hugo não estudou, Mário também não o fez; se Hugo estudou, Daniel foi aprovado. Como Mário estudou,

a) Daniel não foi aprovado.
b) Hugo não foi aprovado.
c) Mário foi aprovado.
d) André foi aprovado.
e) Celso foi aprovado.

Questão nº 116 (ANPAD/2004) André mandou aprontar o seu carro para participar de uma corrida, mas não sabe se o mesmo ficará pronto. Seus amigos Júlio, Sérgio e Vítor têm opiniões diferentes sobre se o carro ficará ou não pronto até a hora da corrida. Se Júlio estiver certo, então Vítor estará enganado. Se Vítor estiver enganado, então Sérgio estará enganado. Se Sérgio estiver enganado, então o carro não ficará pronto. Nessa situação, ou o carro fica pronto ou André não participará da corrida. Ora, verificou-se que Júlio estava certo. Logo,

a) o carro ficou pronto.
b) André não participou da corrida.
c) Sérgio e Vítor não estavam enganados.
d) Vítor estava enganado, mas Sérgio não.
e) Sérgio estava enganado, mas Vítor não.

Questão nº 117 (ANPAD/2004) Se $x + y = 2$, então $x = 0$. Ora, x não é zero. Então, pode- se afirmar que

a) $y = 2$.
b) $y = 0$.
c) $y = 2 - x$.
d) $x + y \neq 2$.
e) $y \neq 0$.

Questão nº 118 (ANPAD/2004) Numa vila afastada, chamada Vila 51, tem-se que "se um homem não é inteligente, então é bonito" e que "se é inteligente, então é preguiçoso". Com base nessas afirmações, pode-se concluir que

a) homens inteligentes não são bonitos.
b) homens que não são bonitos não são inteligentes.
c) homens bonitos são preguiçosos.
d) homens que não são bonitos são preguiçosos.
e) homens bonitos não são inteligentes.

Questão nº 119 (ANPAD/2003) Considerando verdadeiras as proposições "Se João cometeu um grave delito, então ele sonegou impostos." e "João não sonegou impostos.", pode-se concluir que

a) "João sonegou impostos"
b) "João cometeu um grave delito."
c) "João cometeu um grave delito e ele sonegou impostos."
d) "João não cometeu um grave delito."
e) "João cometeu um grave delito ou ele sonegou impostos."

Questão nº 120 (ANPAD/2003) Considere as seguintes premissas: "Cláudia é bonita e inteligente, ou Cláudia é simpática". "Cláudia não é simpática". A partir dessas premissas, conclui-se que Cláudia

a) "é bonita ou inteligente."
b) "é bonita e inteligente."
c) "é bonita e não é inteligente."
d) "não é bonita ou não é inteligente."
e) "não é bonita e é inteligente."

Questão nº 121 (ANPAD/2002) Considere os seguintes argumentos:

I. Se 7 é menor que 4, então 7 não é primo. Mas 7 não é menor que 4, logo 7 é primo.
II. Se Londres está na Dinamarca, então Paris não está na França. Mas Paris está na França, portanto Londres está na Dinamarca.
III. Se 5 é um número primo, então 5 não divide 15. Mas 5 divide 15, logo 5 não é um número primo.

A validade dos argumentos I, II, III forma, respectivamente, a seguinte sequência:

a) Válido, Válido, Válido
b) Não válido, Não válido, Válido
c) Válido, Não válido, Válido
d) Válido, Válido, Não válido
e) Não válido, Não válido, Não válido

Questão nº 122 (ANPAD/2002) Considere as seguintes sentenças:

I. A é vermelho se, somente se, B é verde.
II. B não é verde se, somente se, C é azul.

Pode-se concluir que

a) Se C é azul, então A não é vermelho.
b) Se C é amarelo, então A não é vermelho.
c) Se A não é vermelho, então C não é azul.
d) Se C é azul, então B é amarelo.
e) Se B é verde, então C é amarelo.

Questão nº 123 (ANPAD/2002) Considere os argumentos abaixo:

I. Se 6 não é par, então 3 não é primo. Mas 6 é par. Logo 3 é primo.
II. Se faz frio, Margarete fica em casa. Margarete não ficou em casa. Logo, não fez frio. III. Se você tem ar condicionado, então não passa calor. Quem mora em Foz do Iguaçu tem ar condicionado. Logo, se você mora em Foz do Iguaçu, não passa calor.

Os argumento(s) válidos(s) é(são)

a) I e II
b) II e III
c) somente I
d) somente III
e) I, II e III

Questão nº 124 (ANPAD/2008) Lúcio é tio de Norma ou Raquel é mãe de Sílvia. Se Valdir é neto de Taís, Jacó é sobrinho de José. Se Raquel é mãe de Sílvia, Jacó não é sobrinho de José. Ora, Valdir é neto de Taís; logo,

a) Lúcio é tio de Norma e Raquel não é mãe de Sílvia.
b) Lúcio não é tio de Norma e Raquel é mãe de Sílvia.
c) Jacó não é sobrinho de José e Lúcio é tio de Norma.
d) Valdir é neto de Taís e Jacó não é sobrinho de José.
e) Raquel é mãe de Sílvia ou Jacó não é sobrinho de José.

Questão nº 125 (ANPAD/2007) Se o governo aumenta a taxa de juros, então as exportações aumentam. Embora o que se sabe é que as exportações aumentaram, o que podemos concluir é que

a) a taxa de juros aumentou.
b) a taxa de juros diminuiu.
c) as exportações aumentaram.
d) as exportações diminuíram.
e) as exportações aumentaram, e a taxa de juros também.

Questão nº 126 (ANPAD/2010) Sejam verdadeiras as proposições a seguir. I. "Se $x = 1$ e $y = z$, então $y > 2$." II. "$y \leq 2$." Pode-se concluir que

a) $x \neq 1$ e $y \neq z$
b) $x \neq 1$ ou $y \neq z$
c) $x \neq 1$ e $y = z$

d) $x = 1$ e $y \neq z$
e) $y = z$ e $x = 1$

Capítulo 6

Soluções das Questões do 3º Grupo

Solução da Questão nº 87

Considere p, q e r proposições simples que compõem as seguintes premissas de um argumento:

I. $(\sim p) \rightarrow q$
II. $(\sim q) \vee r$

Temos que $(\sim q) \vee r$ é equivalente a $q \rightarrow r$. Daí e de I e transitividade do "$\rightarrow$" segue-se $(\sim p) \rightarrow r$; que, pela contrapositiva é equivalente a $(\sim r) \rightarrow p$.

Resposta: d

Solução da Questão nº 88

c) O céu é azul ou a grama é verde. Logo, a grama é verde.

$(P \vee Q)$. Logo, Q não é válido.

Resposta: c

I. **Solução da Questão nº 89**

II. Se 7 é menor que 4, então 7 não é primo. Mas 7 não é menor que 4, logo 7 é primo.
III. Se Londres está na Dinamarca, então Paris não está na França. Mas Paris está na França, portanto Londres está na Dinamarca.
IV. Se 5 é um número primo, então 5 não divide 15. Mas 5 divide 15, logo 5 não é um número primo.

I. $p \rightarrow (\sim q)$; $(\sim p)$. Logo, q Não válido.
II. $r \rightarrow (\sim s)$; s. Logo, r Não válido.
III. $t \rightarrow (\sim u)$; u. Logo, t Válido.

Resposta: b

Solução da Questão nº 90

Convenção:

p: Felipe toca violão.

q: Felipe canta.

r: Felipe toca piano.

1. $p \to q$ Premissa

2 $r \to \sim q$ Premissa

3. $(\sim\sim q) \to (\sim r)$ De 2 e contrapositiva

4. $q \to (\sim r)$ De 3 e dupla negação

5. $p \to (\sim r$ De 1 e 4 e transitividade do $\to$

Se Felipe toca violão, então ele não toca piano

Resposta: b

Solução da Questão nº 91

Dado o texto "Neste mundo capitalista, a política define o que se pode ganhar, porque ela, além de elaborar as regras, também as aplica.", pode-se afirmar que

b)a proposição "no mundo capitalista, a política define o que se pode ganhar" é a premissa do argumento sugerido.

Resposta: b

I. **Solução da Questão nº 92**

I. Célia não é escritora ou Paulo é atleta.
II. Sara é míope ou Paulo não é atleta.
III. Paulo não é atleta ou Sara não é míope.
IV. Se Sara não é míope, então Célia é escritora.

Convenção:

p: Célia é escritora.

q: Paulo é atleta.

r: Sara é míope

1. $(\sim p).\vee q$ Premissa
2. $r \vee (\sim q)$ Premissa
3. $(\sim q) \vee (\sim r)$ Premissa
4. $(\sim r) \to p$ Premissa
5. $(\sim\sim p) \to q$ de 1
6. $p \to q$ de 5
7. $(\sim r) \to q$ de 4 e 6 e transitividade do $\to$
8. $r \vee q$ de 7

9. $[r \vee (\sim q)] \wedge [(\sim q) \vee (\sim r)]$ ...... de 2 e 3 e introdução do $\wedge$
10. $[r \wedge (\sim r)] \vee (\sim q)$ de 9
11. $(\sim q)$ de 10
12. $(\sim p)$ de 11 e 1
13. $(\sim \sim r)$ de 12 e 4
14. R de 13
15. $(\sim p) \wedge (\sim q) \wedge r$ de 12 e 11 e 14

Então, pode-se concluir que

Célia não é escritora, Paulo não é atleta e Sara é míope.

Resposta: d

Solução da Questão nº 93

Se Pedro está na empresa, Mário e Cíntia estão de folga do trabalho na empresa. Se Cíntia está de folga do trabalho na empresa, Bruno não vai à escolinha. Se Bruno não vai à escolinha, Pietra também não vai. Ora, Bruno foi à escolinha. Logo, pode-se concluir que

Convenção:

p: Pedro está na empresa.

q: Mário está de folga na empresa.

r: Cíntia está de folga na empresa.

s: Bruno vai à escolinha

t: Pietra vai à escolinha

1. $p \rightarrow (q \wedge r)$ Premissa
2. $r \rightarrow (\sim s)$ Premissa
3. $(\sim s) \rightarrow (\sim t)$ Premissa
4. s Premissa
5. $(\sim r)$ de 4 e 2

Cíntia não está de folga do trabalho na empresa.

Resposta: a

Solução da Questão nº 94

Convenção:

p: Paulo irá para Curitiba.

q: Pedro irá para Belém.

r: Pierre irá para Campo Grande.

s: Polércio irá para Fortaleza.

1.	$p \vee q \vee r$	Premissa
2.	$s \to r$	Premissa
3.	$q \to s$	Premissa
4.	$\sim r$	Premissa
5.	$\sim s$	de 4 e 2
6.	$\sim q$	de 5 e 3
7.	P	de 4 e 6 e 1

Como p é verdadeira, será verdadeira $p \vee (\sim q)$.

Paulo irá para Curitiba ou Pedro não irá para Belém.

Resposta: a

Solução da Questão nº 95

p: Se as vendas diminuem, então a empresa vai à falência.

P: $A \to B$

q: Se o custo de produção sobe, então os preços sobem.

Q: $C \to D$

r: Se os preços sobem, então as vendas diminuem.

r: $D \to A$

Sabe-se que a empresa X não foi à falência.

$\sim B$

1.	$A \to B$	Premissa
2.	$C \to D$	Premissa
3.	$D \to A$	Premissa
4.	$(\sim B)$	Premissa
5.	$(\sim A)$	de 4 e 1
6.	$(\sim D)$	de 5 e 3
7.	$(\sim C)$	de 6 e 2

Logo, o custo de produção não subiu

Resposta: c

Solução da Questão nº 96

I. Alberto não vai ao shopping ou Beatriz vai à praia.
II. Se Alberto não vai ao shopping, então Beatriz e Carlos irão acampar.
III. Beatriz e Carlos irão acampar se, e somente se, existirem condições climáticas favoráveis para a prática de tal atividade.

Como Beatriz não foi à praia, a conclusão para que esse argumento seja inválido é

Convenção:

A: Alberto vai ao shopping.

B: Beatriz vai à praia.

C: Beatriz irá acampar.

D: Carlos irá acampar.

E: Existem condições climáticas favoráveis à pratica de tal esporte

I. $(\sim A) \vee B$
II. $(\sim A) \rightarrow (C \wedge D)$
III. $(C \wedge D) \leftrightarrow E$

1. $(\sim A) \vee B$	Premissa
2. $(\sim A) \rightarrow (C \wedge D)$	Premissa
3. $(C \wedge D) \leftrightarrow E$	Premissa
4. $(\sim B)$	Premissa
5. $(\sim A)$	de 4 e 1
6. $(C \wedge D)$	de 5 e 2
7. E	de 6 e 3

A conclusão para que esse argumento seja inválido é:
$[(C \wedge D) \wedge E] \rightarrow A$
"Se Beatriz e Carlos foram acampar com condições climáticas favoráveis à prática de tal esporte, então Alberto foi ao shopping."

Resposta: d

Solução da Questão nº 97

"Se a inflação subir dois pontos percentuais, o salário será reajustado em um ponto percentual." Acontece que o reajuste salarial foi de três pontos percentuais.

$(p \rightarrow q)$ e $(\sim q)$ Logo, $(\sim p)$

c)a regra estabelecida na notícia não foi violada.

Resposta: c

Solução da Questão nº 98

Se eu corro, eu me condiciono fisicamente. Se eu me condiciono fisicamente, eu fico resistente a resfriados. Agora eu não estou condicionado fisicamente;

Convenção:

P: Eu corro

Q: Eu me condiciono fisicamente.

R: Eu fico resistente a resfriados.

1. (P→Q) Premissa
2. (Q→R) Premissa
3. (~Q) Premissa
4. (~P) de 3 e 1
5. (~P)∨(~R) de 4 e introdução do ∨

e)eu não corro ou não fico resistente a resfriados.

Resposta: e

Solução da Questão nº 99

"Se ele tem muitos amigos, ele os respeita como indivíduos. Se os respeita como indivíduos, então ele não pode esperar que todos eles se comportem da mesma maneira. Ele tem muitos amigos. Portanto, não espera que todos eles se comportem da mesma maneira." Considerem-se as letras sentenciais: A: Ele tem muitos amigos; R: Ele respeita seus amigos como indivíduos e E: Ele espera que todos os amigos se comportem da mesma maneira. Então, qual das seguintes alternativas representa uma formalização horizontal desse argumento?

a) A→R, R→~E , A ⊢ ~E .

Resposta: a

Solução da Questão nº 100

"P: Marcus se saiu bem na prova de estatística" e "Q: Sabrina se saiu bem na prova de matemática e de estatística". Sabendo-se, além disso, que Marcus e Sabrina se saíram bem na prova de estatística, pode-se concluir que

Resposta: d

Solução da Questão nº 101

Se tudo que é amor é proibido e toda proibição é cobiçada; Simbolização: ∀x(A(x)→P(x)) e ∀x(P(x)→C(x)); então ∀x(A(x)→C(x))

tudo que é amor é cobiçado.

Resposta: d

Solução da Questão nº 102

"Se chover, então Roger não sairá de casa". Como Roger saiu de casa, você conclui que não choveu. Esse processo de inferência

b) é apenas dedutivo.

Resposta: b

Solução da Questão nº 103

Convenção:

P: Elias vai ao cinema.

Q: Graça é dentista.

R: Felipe é cozinheiro

S: Daiane é professora.

1. P→Q Premissa
2. R→(S∨Q) .Premissa
3. S→P Premissa
4. ~Q Premissa
5. ~P de 4 e 1
6. ~S de 5 e 3
7. ~R de 6 e 4 e 2
8. (~R)∧(~S) de 6 e 7

Felipe não é cozinheiro e Diana não é professora.

Resposta: e

Solução da Questão nº 104

Convenção:

P: Alberto está na portaria.

Q: Maria foi trabalhar.

U: Maria chega atrasada à empresa..

R: Alberto anota em um caderno o tempo de atraso dessa funcionária.

T: Alberto estava na portaria

1. $[P\wedge(Q\wedge U)]\rightarrow R$ Premissa
2. $(Q\wedge(\sim R))$ Premissa
3. $(\sim R)$ de 2 e eliminação do $\wedge$
4. Q de 2 e eliminação do $\wedge$
5. $\sim[P\wedge(Q\wedge(U))]$ de 3 e 1
6. $[Q\rightarrow\sim(P\wedge U)]$ de 5
7. $\sim(P\wedge U)$ de 4 e 6
8. $(\sim U)\vee(\sim P)$

Maria não chegou atrasada ou Alberto não estava na portaria.

Resposta: e

Solução da Questão nº 105

Quem come manga com leite passa mal;

$(P\wedge Q)\rightarrow R$ é equivalente a $(\sim R)\rightarrow\sim(P\wedge Q)$, que é equivalente a $(\sim R)\rightarrow[(\sim P)\vee(\sim Q)]$

Resposta: c

Solução da Questão nº 106

Observe as sentenças: "Se eu estudar, passarei no concurso" e "Eu passarei no concurso ou não estudarei". Simbolicamente: $(P\rightarrow Q)$ é equivalente a $(Q\vee(\sim P))$

Resposta: d

Solução da Questão nº 107

adotará o vestibular tradicional ou aplicará uma nova prova de vestibular.

Resposta: b

Solução da Questão nº 108

A: O carro é veloz. B: A rua está livre. C: Eu chegarei a tempo. As premissas $(A\vee B)\rightarrow C$ e $\sim C$ nos possibilitam concluir que:

1. $(A\vee B)\rightarrow C$ Premissa
2. $\sim C$ Premissa
3. $\sim(A\vee B)$ de 2 e 1
4. $(\sim A)\wedge(\sim B)$ de 3

A rua não está livre e o carro não é veloz.

Resposta: b

Solução da Questão nº 109

Convenção:

P: Ela sai.

Q: Ele volta.

R: Eu vou

1. (P→(~Q))
2. (~P)→(~R)
3. R
4. (~~P)
5. P
6. (~Q)
7. (~Q)∧P

Ele não volta e ela sai.

Resposta: c

Solução da Questão nº 110

Convenção:

P: Belarmino é mais alto do que Amélia.

Q: Amélia e Antônia têm a mesma altura.

R: Cássia é mais baixa do que Paulo.

S: Emerson é mais alto do que Cássia.

1. (P→Q) Premissa
2. (Q→R) Premissa
3. (R→S) Premissa
4. (~S) Premissa
5. (~R) 4 e 3
6. (~Q) 5 e 2
7. (~P) 6 e 1
8. (~R) ∧ (~P) 5 e 7

Cássia não é mais baixa do que Paulo, e Belarmino não é mais alto do que Amélia.

Resposta: e

Solução da Questão nº 111

Convenção:

P: Ivan é italiano.

Q: Amélia é alemã.

R: Magda é inglesa.

S: Bernardo é brasileiro.

T: Gregório é grego.

U: France é francesa.

V: Elena é espanhola.

1. $(P \rightarrow Q) \wedge R$ Premissa
2. $(P \rightarrow (S \vee T)$ Premissa
3. $(T \rightarrow U)$ Premissa
4. $U \leftrightarrow (\sim\sim V)$ Premissa
5. $(\sim V)$ Premissa
6. $(\sim U)$ de 5 e 4
7. $(\sim T)$ de 6 e 3

e) Gregório não é grego.

Resposta: e

Solução da Questão nº 112

Se José viaja, então seu filho Pedro joga bola conosco. Se a mãe de Pedro viaja, então Pedro não joga bola conosco. Assim, pode-se afirmar:

1. $(P \rightarrow Q)$ Premissa
2. $(R \rightarrow (\sim Q))$ Premissa
3. $(Q \rightarrow (\sim R))$ de 2

Se Pedro está jogando bola conosco, então sua mãe não viajou.

Resposta: c

Solução da Questão nº 113

I. Se Pedro for ao cinema, tomará sorvete. Sabe-se que ele foi ao cinema. Portanto, ele tomará sorvete.
II. Se Pedro for ao cinema, tomará sorvete. Sabe-se que ele não foi ao cinema. Portanto, ele não tomará sorvete.

III. Se Pedro for ao cinema, tomará sorvete. Sabe-se que ele não tomou sorvete. Portanto, ele não foi ao cinema.

Os argumentos I, II e III são, respectivamente,

Válido, inválido e válido.

Resposta: b

Solução da Questão nº 114

I. Se eu estudar, então irei bem na prova ou aprenderei a matéria.
II. Se eu for bem na prova, então passarei de ano.
III. Se eu aprender a matéria, então passarei de ano.

Simbolização:

I. $P \to (Q \vee R)$
II. $Q \to S$
III. $R \to S$

Suponha 1 P

2.$P \to (Q \vee R)$ Premissa

3. $(Q \vee R)$ Premissa

4. $Q \to S$ Premissa

5. $R \to S$ Premissa

6. S de 3 e 4 e 5

7. $P \to S$ de 1 e 6

Se Pedro estudar, então passará de ano.

Resposta: a

Solução da Questão nº 115

Convenção:

P: André estudou.

Q: Celso foi aprovado.

Daniel foi aprovado.

Hugo estudou.

T: Mario estudou.

1.	$P \rightarrow Q$	Premissa
2.	$R \rightarrow P$	Premissa
3.	$(\sim S) \rightarrow (\sim T)$	Premissa
4.	$S \rightarrow R$	Premissa
5.	T	Premissa
6.	$(\sim\sim S)$	5 e 3
7.	S	6
8.	R	7 e 4
9.	P	8 e 2
10.	Q	9 e 1

e) Celso foi aprovado.

Resposta: e

Solução da Questão nº 116

Convenção:

R: Júlio está certo.

S: Vítor está enganado.

T: Sérgio está enganado.

U: O carro ficará pronto.

V: André participará da corrida.

1.	$R \rightarrow S$	Premissa
2.	$S \rightarrow T$	Premissa
3.	$T \rightarrow (\sim U)$	Premissa
4.	$U \vee (\sim V)$	Premissa
5.	R	Premissa
6.	S	5 e 1
7.	T	6 e 2
8.	$(\sim U)$	7 e 3
9.	$(\sim V)$	8 e 4

André não participou da corrida.

Resposta: b

Solução da Questão nº 117

Se x + y = 2 , então x = 0. Ora, x não é zero.

$(P \rightarrow Q)$; $(\sim Q)$. Logo, $(\sim P)$

Então, pode- se afirmar que

$x + y \neq 2$.

Resposta: d

Solução da Questão nº 118

Convenção:

P: x é inteligente.

Q: x é bonito.

R: x é preguiçoso.

1. $(\sim P) \rightarrow Q$ Premissa
2. $(P \rightarrow R)$ Premissa
3. $(\sim Q \rightarrow (\sim\sim P))$...... 1 e contrapositiva
4. $((\sim Q) \rightarrow P)$ 3 e dupla negação
5. $((\sim Q \rightarrow R)$ de 4 e 2 e transitividade do $\rightarrow$

Homens que não são bonitos são preguiçosos.

Resposta: d

Solução da Questão nº 119

$(P \rightarrow Q)$ e $(\sim Q)$ Logo, $(\sim P)$

"João não cometeu um grave delito."

Resposta: d

Solução da Questão nº 120

$(P \wedge Q) \vee R$; $(\sim R)$. Logo, $\sim(P \wedge Q)$, que é equivalente a $(\sim P) \vee (\sim Q)$.

d) não"é bonita ou não é inteligente."

Resposta: d

Solução da Questão nº 121

Considere os seguintes argumentos:

I. Se 7 é menor que 4, então 7 não é primo. Mas 7 não é menor que 4, logo 7 é primo.
II. Se Londres está na Dinamarca, então Paris não está na França. Mas Paris está na França, portanto Londres está na Dinamarca.
III. Se 5 é um número primo, então 5 não divide 15. Mas 5 divide 15, logo 5 não é um número primo.

Simbolicamente:

I.	(P→(~Q)); (~P). Logo, Q	Não Válido.
II.	(R→(~S)); S. Logo, R	Não Válido
III.	(T→(~U)); U. Logo, (~T)	Válido.

Resposta: b

Solução da Questão nº 122

Considere as seguintes sentenças:

I. A é vermelho se, somente se, B é verde.
II. B não é verde se, somente se, C é azul.

Simbolização:

I. P↔Q
II. (~Q)↔R

1. P↔Q
2. (~Q)↔R
3. (R→(~Q))
4. (P→Q)
5. ((~Q)→(~P))
6. (R→(~P))

Se C é azul, então A não é vermelho.

Resposta: a

Solução da Questão nº 123

I. Se 6 não é par, então 3 não é primo. Mas 6 é par. Logo 3 é primo.
II. Se faz frio, Margarete fica em casa. Margarete não ficou em casa. Logo, não fez frio.
III. Se você tem ar condicionado, então não passa calor. Quem mora em Foz do Iguaçu tem ar condicionado. Logo, se você mora em Foz do Iguaçu, não passa calor.

Simbolização:

I. (~P)→(~Q); P. Logo, Q
II. (R→S); (~S). Logo, (~R)
III. (T→(~U); (V→T). Logo, (V→~U).

Os argumento(s) válidos(s) é(são)

a) II e III

Resposta: b

Solução da Questão nº 124

Convenção:

P: Lúcio é tio de Norma

Q: Raquel é irmã de Sílvia.

R: Valdir é neto de Taís.

S: Jacó é sobrinho de José.

1. (P∨Q)
2. (R→S)
3. (Q→(~S))
4. R
5. S
6. (~Q)
7. P
8. (P∧(~Q))

Lúcio é tio de Norma e Raquel não é mãe de Sílvia.

Resposta: a

Solução da Questão nº 125

Se o governo aumenta a taxa de juros, então as exportações aumentam. Embora o que se sabe é que as exportações aumentaram, o que podemos concluir é que

c) as exportações aumentaram.

Resposta: c

Solução da Questão nº 126

. I. "Se x = 1 e y = z, então y > 2." e

II. "y ≤ 2."

Simbolização:

I. (P∧Q)→R
II. (~R)

Logo, ~(P∧Q), que é equivalente a (~P)∨(~Q).

Ou seja: $x \neq 1$ ou $y \neq z$

Resposta: d

Capítulo 7

4º Grupo de Questões

Questão nº 127 (ANPAD/fev2013) O Modus Tollens é um recurso comumente utilizado na argumentação cotidiana. Na Lógica Proposicional, se p e q indicam proposições simples, o Modus Tollens pode ser representado pela seguinte tautologia: $((p \rightarrow q) \wedge \sim q) \rightarrow \sim p)$

É um exemplo de Modus Tollens, de acordo com o modelo proposicional acima apresentado, a seguinte argumentação: Se vou à praia, então eu passo protetor solar. Por isso,

a) só vou à praia em dias ensolarados.
b) como não passei protetor solar, eu não fui à praia.
c) quando passo protetor solar é porque estou na praia.
d) como não estou na praia, eu não passo protetor solar.
e) como não passei protetor solar, o dia não foi ensolarado.

Questão nº 128 (ANPAD/jun2015) Se Cintia fala alemão, então eu falo inglês ou francês. Ora, eu não falo inglês. Assim, se eu não falo francês, então:

a) Eu falo alemão.
b) Eu não falo alemão.
c) Cintia fala alemão.
d) Cintia não fala inglês.
e) Cintia não fala alemão.

Questão nº 129 (ANPAD/junho2005) Se a laranja está azeda, então a manga não está doce. Ou a manga está doce ou André não gosta de manga. Ora, André gosta de manga. Logo,

a) a laranja está azeda e a manga está doce.
b) a laranja está azeda e a manga não está doce.
c) a laranja não está azeda e a manga está doce.
d) a laranja não está azeda e a manga não está doce.
e) se a laranja não está azeda, então a manga está doce.

Questão nº 130 (ANPAD/set 2006) Considerando as regras do cálculo proposicional e suas derivações, qual das proposições abaixo pode ser derivada das proposições: "$E \rightarrow \sim R$" e " $\sim E \rightarrow \sim A$"

a) $A \wedge R$
b) $\sim(A \wedge R)$
c) $A \rightarrow R$
d) $\sim R \rightarrow A$

e) ~ (A→~ R)

Questão nº 131 (ANPAD/fev2015) Se não é verdade que todo matemático gosta de música e literatura, então:

a) Existe um matemático que não gosta de música ou não gosta de literatura.
b) Existe um matemático que não gosta de música nem de literatura.
c) Todo matemático que não gosta de música necessariamente gosta de literatura.
d) Se alguém gosta de música ou literatura, então não é matemático.
e) Se alguém não gosta de música ou não gosta de literatura, então não é matemático.

Questão nº 132 (ANPAD/jun2015) Considere a proposição:

P: "Todos os índices da empresa no ano de 2014 foram positivos."

A negação da proposição P é logicamente equivalente à afirmação:

a) "Algum índice da empresa no ano de 2014 foi negativo."
b) "Algum dos índices dos anos distintos de 2014 foi negativo."
c) "Todos os índices da empresa de 2014 foram negativos."
d) "Algum índice da empresa no ano de 2014 foi negativo ou zero."
e) "Todos os índices da empresa no ano de 2014 foram negativos ou zero."

Questão nº 133 (ANPAD/jun2015) Abaixo são apresentadas três afirmações sobre funcionários de uma empresa, que possui um único gerente. Sabe-se que, dentre as afirmações dadas, apenas duas são falsas:

I. Algum funcionário mora na Barra, e o gerente da empresa não se chama Carlos.
II. O gerente da empresa se chama Carlos, ou nenhum funcionário mora na Barra.
III. Luís não é o gerente da empresa ou não mora na Barra.

Portanto, é verdade que o gerente da empresa:

a) Se chama Luís e mora na Barra.
b) Se chama Carlos e mora na Barra.
c) Se chama Luís e não mora na Barra.
d) Se chama Carlos e não mora na Barra.
e) Ou se chama Carlos, ou não mora na Barra.

Questão nº 134 (ANPAD/jun2015) Jorge disse: Há uma padaria onde todos os pães são quentinhos, mas não são torrados.

A negação da afirmação feita por Jorge é logicamente equivalente à afirmação:

a) "Não há padarias que fazem pães quentinhos e torrados."
b) "Há uma padaria em que pão algum é quentinho ou torrado."

c) "Em toda padaria, há um pão que não é quentinho, mas é torrado."
d) "Em toda padaria, há sempre algum pão que não é quentinho ou que é torrado."
e) "Há uma padaria em que há algum pão que não é quentinho ou que é torrado."

Questão nº 135 (ANPAD/jun2015) A tricotomia é uma propriedade válida no conjunto dos números inteiros: todo número inteiro é negativo, zero ou positivo.

Considere a proposição P: "Se N pertence ao conjunto dos números inteiros, então todos os seus divisores são positivos."

A negação de P é logicamente equivalente a:

a) "N pertence ao conjunto dos números inteiros, e todos os seus divisores são negativos."
b) "N pertence ao conjunto dos números inteiros, e pelo menos um dos seus divisores é negativo."
c) "N pertence ao conjunto dos números inteiros, e pelo menos um dos seus divisores é não positivo."
d) "Se N não pertence ao conjunto dos números inteiros, então pelo menos um dos seus divisores não é positivo."
e) "Se N pertence ao conjunto dos números inteiros, então pelo menos um dos seus divisores é negativo."

Questão nº 136 (ANPAD/set2015) Sejam A o conjunto de todos os homens e B o conjunto de todas as mulheres. Considere a função *m* que associa cada homem à sua mãe biológica. De acordo com a simbologia utilizada na lógica, a declaração "Todo homem tem mãe biológica." pode ser representada por:

a) $\forall x \in A, \exists y \in B \;/\; m(x)=y$
b) $\forall x \in A, \exists y \in B \;/\; m(y)=x$
c) $\forall x \in A, \forall y \in B \;/\; m(x)=y$
d) $\exists x \in A, \forall y \in B \;/\; m(x)=y$
e) $\exists x \in A, \forall y \in B \;/\; m(y)=x$

Questão nº 137 (ANPAD/set2015) Considere as proposições p e q a seguir:

p: "Todos os cavalos do haras são brancos."

q: "Há algum interessado no haras."

A implicação $p \rightarrow q$ é logicamente equivalente à implicação:

a) "Se ninguém está interessado em comprar o haras, então há, no haras, algum cavalo que não é branco."
b) "Se todos estão interessados em comprar o haras, então não há, no haras, cavalos brancos."

c) "Se todos estão interessados em comprar o haras, então há, no haras, algum cavalo que não é branco."
d) "Se algum cavalo do haras não é branco, então há alguém que não está interessado em comprar o haras."

Questão nº 138 (ANPAD/set2015) Todos os membros do grupo A dançam ou falam espanhol.

Alguns membros do grupo B não dançam.

Todos os membros do grupo B estão no grupo A.

Portanto,

a) Alguns membros do grupo B dançam e falam espanhol.
b) Alguns membros do grupo A que não estão em B dançam.
c) Alguns membros do grupo B não dançam e falam espanhol.
d) Todos os membros do grupo A que não estão em B falam espanhol.
e) Todos os membros do grupo B que não dançam não falam espanhol.

Questão nº 139 (ANPAD/jun2005) Considerando que a proposição "Nenhum homem bom pratica o mal" é falsa, qual das seguintes alternativas apresenta uma proposição verdadeira?

a) Todo homem bom pratica o mal.
b) Todo homem bom não pratica o mal.
c) Alguns homens bons não praticam o mal.
d) Pelo menos um homem bom pratica o mal.
e) Não há homem bom que pratique o mal.

Questão nº 140 (ANPAD/set2006) Analise as seguintes definições.

- Mx - x é maranhense.
- Bx – x é branco.
- Rx – x é rico.
- Cx – x é uma casa.
- Sx – x é em São Luiz.
- Pxy - x possui y.

Utilizando – se as definições acima, qual das seguintes alternativas pode representar a expressão "Todo maranhense branco que é rico possui uma casa em São Luiz"?

a) $\forall x ((Mx \wedge (Bx \wedge Rx)) \rightarrow \exists y(Cy \wedge Pxy))$.
b) $\forall x((Mx \wedge Bx) \rightarrow \exists y(Rx \wedge (Cy \wedge Pxy)))$.
c) $\forall x((Mx \wedge (Bx \wedge Rx)) \rightarrow \exists y(Cy \wedge (Sy \wedge Pxy)))$.
d) $\forall x((Mx \wedge (Bx \wedge Rx)) \rightarrow \forall y(Cy \wedge (Sy \wedge Pxy)))$.
e) $\forall x \forall y((Mx \wedge (Bx \wedge Sy)) \rightarrow (Cy \wedge (Rx \wedge Pxy)))$.

Questão nº 141 (ANPAD/2002) A negação da sentença " Todos os triângulos são equiláteros." é:

a) Todos os triângulos não são equiláteros;
b) Existe triângulo que não é equilátero;
c) Existe triângulo que é equilátero;
d) Nenhum triângulo é equilátero;
e) Todos os triângulos são isósceles.

Questão nº 142 (ANPAD/2009) A proposição equivalente a "Não é verdade que todas as mulheres não são estudiosas." é

a) "Existem mulheres estudiosas."
b) "Existem mulheres não estudiosas."
c) "Nenhuma mulher não é estudiosa."
d) "Todas as mulheres são estudiosas."
e) "Todas as mulheres não são estudiosas."

Questão nº 143 (ANPAD/2009) Sejam as definições de categorias Ax: x é administrador, Px: x é bom profissional Sx: x tem bom salário. Uma simbolização para "Todo administrador que é bom profissional, tem bom salário" é

a) $\forall x((Ax \rightarrow Px) \rightarrow Sx)$.
b) $\forall x((Ax \wedge Px) \rightarrow Sx)$.
c) $\forall x(Ax \wedge (Px \rightarrow Sx))$.
d) $\forall x((Ax \rightarrow Px) \wedge Sx)$.
e) $\forall x((Ax \wedge Px) \wedge Sx)$.

Questão nº 144 (ANPAD/2010) Considere-se FALSO o seguinte enunciado: "Alguns alunos não estudam adequadamente os conteúdos". Sejam dadas as seguintes proposições:

I. Todos os alunos estudam adequadamente os conteúdos.

II. Nenhum aluno estuda adequadamente os conteúdos.

III. Alguns alunos estudam adequadamente os conteúdos.

Os valores lógicos (V, se verdadeiro; F, se falso) das proposições I, II e III são, respectivamente,

a) V V V
b) V F V
c) V V F
d) V F F
e) F V V

Questão nº 145 (ANPAD/2011) A negação da proposição "Alguns administradores não são líderes." é

a) "Nenhum administrador é líder."
b) "Alguns administradores são líderes."
c) "Todos os administradores são líderes."
d) "Existe pelo menos um administrador que é líder."
e) "Existe pelo menos um administrador que não é líder."

Questão nº 146 (ANPAD/2011) Dado que "todos que trabalham recebem salário", pode-se afirmar:

a) Para todos, se recebem salário, então trabalham.
b) Existe alguém que recebe salário e não trabalha.
c) Existe alguém que trabalha e não recebe salário.
d) Para todos, se não recebem salário, então não trabalham.
e) Para todos, se não trabalham, então não recebem salário.

Questão nº 147 (ANPAD/2008) Considere as seguintes proposições

I. Toda mulher é formosa.
II. Algumas mulheres são belas.
III. Nenhuma mulher é feia.
IV. Algumas mulheres não são atraentes.

Assinale a alternativa que apresenta uma proposição que NÃO equivale a alguma das quatro proposições acima.

a) Não existe alguma mulher que não seja formosa.
b) Não existem mulheres feias.
c) Nem todas as mulheres não são belas.
d) Nem todas as mulheres são atraentes.
e) Nem toda mulher é feia.

Questão nº 148 (ANPAD/2006) A negação da proposição "Nenhuma fruta não é doce" pode ser

a) "Nenhuma fruta é doce".
b) "Todas as frutas são doces".
c) "Existem frutas que são doces".
d) "Todas as frutas não são doces".
e) "Existem frutas que não são doces".

Questão nº 149 (ANPAD/2006) Seja a proposição: p: "Todos os filósofos são calvos". A proposição que NÃO é equivalente a p é

a) "Os filósofos são calvos".
b) "Qualquer filósofo é calvo".
c) "Nenhum filósofo não é calvo".
d) "Se alguém é calvo, então ele é filósofo".
e) "Se alguém não é calvo, então não é filósofo".

Questão nº 150 (ANPAD/2006) A negação da proposição "Todas as máquinas não são eficientes" é

a) "Nenhuma máquina é eficiente".
b) "Todas as máquinas são eficientes".
c) "Existe máquina que é eficiente".
d) "Existe máquina que não é eficiente".
e) "Não é verdade que todas as máquinas são eficientes".

Questão nº 151 (ANPAD/2005) Considere as proposições abaixo

I. Todo S é P.
II. Nenhum S é P.
III. Algum S é P.
IV. Nenhum S não é P.

Supondo que a proposição categórica "Algum S não é P" seja falsa, a sequência formada pelo valor verdade (V, se verdade; F, se falso) das proposições apresentadas é, respectivamente,

a) V V V V
b) V F V F
c) F V F F
d) V F V V
e) F F F F

Questão nº 152 (ANPAD/2005) A proposição "É necessário que todos os administradores saibam lógica" é equivalente a:

a) "Nenhum administrador sabe lógica".
b) "Não é verdade que existe administrador que não sabe lógica".
c) "Não é verdade que todo administrador sabe lógica".
d) "Existe administrador que não sabe lógica".
e) "Todo administrador não sabe lógica".

Questão nº 153 (ANPAD/2005) Considerando que a proposição "Nenhum homem bom pratica o mal" é falsa, qual das seguintes alternativas apresenta uma proposição verdadeira?

a) Todo homem bom pratica o mal.

b) Todo homem bom não pratica o mal.
c) Alguns homens bons não praticam o mal.
d) Pelo menos um homem bom pratica o mal.
e) Não há homem bom que pratique o mal.

Questão nº 154 (ANPAD/2004) Dadas as proposições:

I Todos os homens são bons administradores.

II Nenhum homem é bom administrador.

III Todos os homens são maus administradores.

IV Pelo menos um homem não é bom administrador.

V Toda mulher é boa administradora.

A(s) negação(ões) da proposição I é(são) a(s) proposição(ões)

a) II
b) III
c) IV
d) V
e) II e IV

Questão nº 155 (ANPAD/2003) A NEGAÇÃO da sentença "Todos os homens são honestos". é

a) "Nenhum homem é honesto".
b) "Todos os homens são desonestos".
c) "Algum homem é desonesto".
d) "Nenhum homem é desonesto".
e) "Alguns homens são honestos".

Questão nº 156 (ANPAD/2002) A negação da sentença "Nenhuma pessoa que chora muito fica desamparada" é

a) "Todas as pessoas que choram muito ficam desamparadas".
b) "Todas as pessoas que choram muito não ficam desamparadas".
c) "Algumas pessoas que choram muito ficam desamparadas".
d) "Algumas pessoas que choram muito não ficam desamparadas".
e) "Nenhuma pessoa que chora muito fica desamparada"

Questão nº 157 (ANPAD/2002) A negação da sentença "Todos os triângulos são equiláteros." é

a) "Todos os triângulos não são equiláteros."
b) "Existe triângulo que não é equilátero."
c) "Existe triângulo que é equilátero."

d) "Nenhum triângulo é equilátero."
e) "Todos os triângulos são isósceles."

Questão nº 158 (ANPAD/2002) A negação da sentença "Nenhuma pessoa lenta em aprender frequenta esta escola." é

a) "Todas as pessoas lentas em aprender frequentam esta escola."
b) "Todas as pessoas lentas em aprender não frequentam esta escola."
c) "Algumas pessoas lentas em aprender frequentam esta escola."
d) "Algumas pessoas lentas em aprender não frequentam esta escola."
e) "Nenhuma pessoa lenta em aprender frequenta esta escola."

Questão nº 159 (ANPAD/2002) A negação da proposição "Todos os homens são bons motoristas." é

a) "Todas as mulheres são boas motoristas".
b) "Algumas mulheres são boas motoristas".
c) "Nenhum homem é bom motorista".
d) "Todos os homens são maus motoristas".
e) "Ao menos um homem é mau motorista".

Capítulo 8

Soluções das Questões do 4º Grupo

Solução da Questão nº 127

O Modus Tollens é um recurso comumente utilizado na argumentação cotidiana. Na Lógica Proposicional, se p e q indicam proposições simples, o Modus Tollens pode ser representado pela seguinte tautologia: $((p \rightarrow q) \wedge \sim q) \rightarrow \sim p)$

É um exemplo de Modus Tollens, de acordo com o modelo proposicional acima apresentado, a seguinte argumentação: Se vou à praia, então eu passo protetor solar. Por isso,

b)como não passei protetor solar, eu não fui à praia.

Resposta: b

Solução da Questão nº 128

Se Cintia fala alemão, então eu falo inglês ou francês. Ora, eu não falo inglês. Assim, se eu não falo francês, então:

e)Cintia não fala alemão.

Resposta: e

Solução da Questão nº 129

Se a laranja está azeda, então a manga não está doce. Ou a manga está doce ou André não gosta de manga. Ora, André gosta de manga. Logo,

c)a laranja não está azeda e a manga está doce.

Resposta: c

Solução da Questão nº 130

Considerando as regras do cálculo proposicional e suas derivações, qual das proposições abaixo pode ser derivada das proposições: "$E \rightarrow \sim R$" e " $\sim E \rightarrow \sim A$"

b)$\sim(A \wedge R)$

Resposta: b

Solução da Questão nº 131

Se não é verdade que todo matemático gosta de música e literatura, então:

a) Existe um matemático que não gosta de música ou não gosta de literatura.

Resposta: a

Solução da Questão nº 132

Considere a proposição:

P: "Todos os índices da empresa no ano de 2014 foram positivos."

A negação da proposição P é logicamente equivalente à afirmação:

d)"Algum índice da empresa no ano de 2014 foi negativo ou zero."

Resposta: d

Solução da Questão nº 133

Abaixo são apresentadas três afirmações sobre funcionários de uma empresa, que possui um único gerente. Sabe-se que, dentre as afirmações dadas, apenas duas são falsas:

I. Algum funcionário mora na Barra, e o gerente da empresa não se chama Carlos.
II. O gerente da empresa se chama Carlos, ou nenhum funcionário mora na Barra.
III. Luís não é o gerente da empresa ou não mora na Barra.

Portanto, é verdade que o gerente da empresa:

a) Se chama Luís e mora na Barra.

Resposta: a

Solução da Questão nº 134

Jorge disse: Há uma padaria onde todos os pães são quentinhos, mas não são torrados.

A negação da afirmação feita por Jorge é logicamente equivalente à afirmação:

d)"Em toda padaria, há sempre algum pão que não é quentinho ou que é torrado."

Resposta: d

Solução da Questão nº 135

A tricotomia é uma propriedade válida no conjunto dos números inteiros: todo número inteiro é negativo, zero ou positivo.

Considere a proposição P: "Se N pertence ao conjunto dos números inteiros, então todos os seus divisores são positivos."

A negação de P é logicamente equivalente a:

c) "N pertence ao conjunto dos números inteiros, e pelo menos um dos seus divisores é não positivo."

Resposta: c

Solução da Questão nº 136

Sejam A o conjunto de todos os homens e B o conjunto de todas as mulheres. Considere a função *m* que associa cada homem à sua mãe biológica. De acordo com a simbologia utilizada na lógica, a declaração "Todo homem tem mãe biológica." pode ser representada por:

a)$\forall x \in A, \exists y \in B$ / $m(x)=y$

Resposta: a

Solução da Questão nº 137

Considere as proposições p e q a seguir:

p: "Todos os cavalos do haras são brancos."

q: "Há algum interessado no haras."

A implicação $p \rightarrow q$ é logicamente equivalente à implicação:

a)"Se ninguém está interessado em comprar o haras, então há, no haras, algum cavalo que não é branco."

Resposta: a

Solução da Questão nº 138

Todos os membros do grupo A dançam ou falam espanhol.

Alguns membros do grupo B não dançam.

Todos os membros do grupo B estão no grupo A.

Portanto,

c)Alguns membros do grupo B não dançam e falam espanhol.

Resposta: c

Solução da Questão nº 139

Considerando que a proposição "Nenhum homem bom pratica o mal" é falsa, qual das seguintes alternativas apresenta uma proposição verdadeira?

d)Pelo menos um homem bom pratica o mal.

Resposta: d

Solução da Questão nº 140

Analise as seguintes definições.

- Mx - x é maranhense.
- Bx – x é branco.
- Rx – x é rico.
- Cx – x é uma casa.

- Sx – x é em São Luiz.
- Pxy - x possui y.

Utilizando – se as definições acima, qual das seguintes alternativas pode representar a expressão "Todo maranhense branco que é rico possui uma casa em São Luiz"?

c) $\forall x((Mx \wedge (Bx \wedge Rx)) \rightarrow \exists y(Cy \wedge (Sy \wedge Pxy)))$.

Resposta: c

Solução da Questão nº 141

A negação da sentença " Todos os triângulos são equiláteros." é:

b)Existe triângulo que não é equilátero;

Resposta: b

Solução da Questão nº 142

A proposição equivalente a "Não é verdade que todas as mulheres não são estudiosas." é

a)"Existem mulheres estudiosas."

Resposta: a

Solução da Questão nº 143

Sejam as definições de categorias Ax: x é administrador, Px: x é bom profissional Sx: x tem bom salário. Uma simbolização para "Todo administrador que é bom profissional, tem bom salário" é

b) $\forall x((Ax \wedge Px) \rightarrow Sx)$.

Resposta: b

Solução da Questão nº 144

Considere-se FALSO o seguinte enunciado: "Alguns alunos não estudam adequadamente os conteúdos". Sejam dadas as seguintes proposições:

I. Todos os alunos estudam adequadamente os conteúdos.

II. Nenhum aluno estuda adequadamente os conteúdos.

III. Alguns alunos estudam adequadamente os conteúdos.

Os valores lógicos (V, se verdadeiro; F, se falso) das proposições I, II e III são, respectivamente,

b)V F V

Resposta: b

Solução da Questão nº 145

A negação da proposição "Alguns administradores não são líderes." é c)"Todos os administradores são líderes."

Resposta: c

Solução da Questão nº 146

Dado que "todos que trabalham recebem salário", pode-se afirmar:

d)Para todos, se não recebem salário, então não trabalham.

Resposta: d

Solução da Questão nº 147

Considere as seguintes proposições

I. Toda mulher é formosa.
II. Algumas mulheres são belas.
III. Nenhuma mulher é feia.
IV. Algumas mulheres não são atraentes.

Assinale a alternativa que apresenta uma proposição que NÃO equivale a alguma das quatro proposições acima.

e)Nem toda mulher é feia.

Resposta: e

Solução da Questão nº 148

A negação da proposição "Nenhuma fruta não é doce" pode ser

e) "Existem frutas que não são doces".

Resposta: e

Solução da Questão nº 149

Seja a proposição: p: "Todos os filósofos são calvos". A proposição que NÃO é equivalente a p é

d) "Se alguém é calvo, então ele é filósofo".

Resposta: d

Solução da Questão nº 150

A negação da proposição "Todas as máquinas não são eficientes" é

c)"Existe máquina que é eficiente".

Resposta: c

Solução da Questão nº 151

Considere as proposições abaixo

I. Todo S é P.
II. Nenhum S é P.
III. Algum S é P.
IV. Nenhum S não é P.

Supondo que a proposição categórica "Algum S não é P" seja falsa, a sequência formada pelo valor verdade (V, se verdade; F, se falso) das proposições apresentadas é, respectivamente,

d)V F V V

Resposta: d

Solução da Questão nº 152

A proposição "É necessário que todos os administradores saibam lógica" é equivalente a:

b) "Não é verdade que existe administrador que não sabe lógica".

Resposta: b

Solução da Questão nº 153

Considerando que a proposição "Nenhum homem bom pratica o mal" é falsa, qual das seguintes alternativas apresenta uma proposição verdadeira?

d)Pelo menos um homem bom pratica o mal.

Resposta: d

Solução da Questão nº 154

Dadas as proposições:

I Todos os homens são bons administradores.

II Nenhum homem é bom administrador.

III Todos os homens são maus administradores.

IV Pelo menos um homem não é bom administrador.

V Toda mulher é boa administradora.

A(s) negação(ões) da proposição I é(são) a(s) proposição(ões)

c)IV

Resposta: c

Solução da Questão nº 155

A negação da sentença "Todos os homens são honestos". é

c) "Algum homem é desonesto".

Resposta: c

Solução da Questão nº 156

A negação da sentença "Nenhuma pessoa que chora muito fica desamparada" é

c) "Algumas pessoas que choram muito ficam desamparadas".

Resposta: c

Solução da Questão nº 157

A negação da sentença "Todos os triângulos são equiláteros." é

b) "Existe triângulo que não é equilátero."

Resposta: b

Solução da Questão nº 158

A negação da sentença "Nenhuma pessoa lenta em aprender frequenta esta escola." é

c) "Algumas pessoas lentas em aprender frequentam esta escola."

Resposta: c

Solução da Questão nº 159

A negação da proposição "Todos os homens são bons motoristas." é

e) "Ao menos um homem é mau motorista".

Resposta: e

Capítulo 9
5º Grupo de Questões

Questão nº 160 (ANPAD/jun2015) Acerca dos funcionários terceirizados de uma firma, são premissas válidas:

I. Algum funcionário terceirizado não ficará até dezembro.
II. Todo funcionário que é pintor e eletricista ficará até dezembro.

Logo, algum funcionário terceirizado

a) Não é pintor, nem eletricista.
b) Que não é eletricista é pintor.
c) Não é pintor ou não é eletricista.
d) Que fique até dezembro será pintor e eletricista.
e) Que seja pintor deverá ser eletricista para ficar até dezembro.

Questão nº 161 (ANPAD/jun2015) Considere as seguintes premissas sobre estudantes de uma universidade:
I. "Algum estudante que é monitor não recebe bolsa."
II. "Todos aqueles estudantes que estão no sétimo período recebem bolsa"
Portanto,
a) Algum estudante do sétimo período é monitor.
b) Algum estudante do sétimo período não é monitor.
c) Todos os estudantes do sétimo período não são monitores.
d) Algum estudante que é monitor não está no sétimo período.
e) Todos os estudantes que são monitores não estão no sétimo período.

Questão nº 162 (ANPAD/jun2015) Todo padeiro é músico ou pintor.
Algum sorveteiro é padeiro e médico.
Todo pintor não é médico
Portanto, algum sorveteiro:
a) É pintor.
b) É músico.
c) Não é padeiro.
d) Não é médico.
e) É médico e não é músico.

Questão nº 163 (ANPAD/set2015) Considere as seguintes premissas:

I. Algum carro de Jorge não é novo ou não é vermelho.
II. Todo carro esportivo é vermelho.
III. Todo carro de Jorge é novo e cintilante.

Se as três premissas anteriores são verdadeiras, então:

a) Algum carro de Jorge é cintilante e vermelho.
b) Algum carro de Jorge é vermelho e não é novo.
c) Todo carro de Jorge não é vermelho, mas é novo.
d) Todo carro de Jorge não é vermelho ou é esportivo.
e) Agum carro de Jorge é cintilante, mas não é esportivo.

Questão nº 164 (ANPAD/2006) Considere os seguintes argumentos:

1. Todas as aves são carnívoras. Existem peixes que são carnívoros. Logo existem peixes que são aves.
2. Todos os minerais são aves. Existem borboletas que são minerais. Logo, existem borboletas que são aves.
3. O assassino é o chofer ou Lea é pretensiosa. Ora, Lea não é pretensiosa. Logo, o assassino é o chofer.

A sequência correta quanto a validade dos argumentos 1, 2 e 3 e respectivamente:

a) Falso, verdadeiro, verdadeiro
b) Falso, verdadeiro, falso.
c) Falso, falso, falso.
d) Verdadeiro, verdadeiro, verdadeiro

Questão nº 165 (ANPAD/2009) Considere o argumento a seguir: Todos os brasileiros são vegetarianos. Todos os vegetarianos são magros. Existem índios que são brasileiros. Logo, existem índios que são magros. Pode-se concluir que a forma desse argumento é

a) válida e todas as premissas, assim como a conclusão, são verdadeiras.
b) válida e tem conclusão verdadeira, embora existam premissas falsas.
c) válida, apesar de todas as premissas serem verdadeiras e a conclusão ser falsa.
d) inválida, porque a conclusão é falsa.
e) inválida, porque contém premissas falsas.

Questão nº 166 (ANPAD/2009) "Todo administrador entende de finanças pessoais." "Alguns alunos que estudam em uma faculdade não entendem de finanças pessoais". A partir dessas sentenças, é CORRETO concluir que

a) alguns administradores que estudam em uma faculdade não entendem de finanças pessoais.
b) nenhum administrador estuda em faculdade alguma.
c) os alunos que não estudam em uma faculdade entendem de finanças pessoais.
d) todos os administradores estudam em alguma faculdade.
e) Alguns alunos que estudam em uma faculdade não são administradores

Questão nº 167 . (ANPAD/2010) Sejam dadas as seguintes proposições:

I. Toda pessoa magra faz dieta alimentar.
II. Manoel faz dieta alimentar.

Pode-se concluir:

a) Manoel é magro.
b) Toda pessoa que faz dieta alimentar é magra.
c) Se João é magro, então ele faz dieta alimentar.
d) Se Manoel faz dieta alimentar, então ele é magro.
e) Algumas pessoas que fazem dieta alimentar são gordas.

Questão nº 168 (ANPAD/2010) Sejam admitidas como verdadeiras as seguintes proposições:

I. Nenhuma bola é vermelha.
II. Algumas frutas são vermelhas.

Então, pode-se concluir que

a) algumas bolas são frutas.
b) algumas frutas são bolas.
c) algumas frutas não são bolas.
d) nenhuma fruta é bola.
e) nenhuma bola é fruta.

Questão nº 169 (ANPAD/2010) Sejam dados os enunciados: "Todos que são bem- humorados são alegres" e "Todos que são alegres são simpáticos". Logo, pode-se concluir:

a) João não é simpático, então ele é bem-humorado.
b) Joaquim não é alegre, então ele não é simpático.
c) Manoel não é simpático, então ele não é bem-humorado.
d) Pedro é alegre, então ele é bem-humorado.
e) Toda pessoa simpática é bem-humorada.

Questão nº 170 (ANPAD/2010) Se tudo que é amor é proibido e toda proibição é cobiçada, então
a) tudo que é cobiçado é amor.
b) tudo que é proibido é amor.
c) tudo que não é cobiçado é proibido.
d) tudo que é amor é cobiçado.

e) tudo que não é amor não é cobiçado.

Questão nº 171 (ANPAD/2010) Considere as proposições a seguir.

I. "Pessoas idosas são egoístas."
II. "Pessoas egoístas são rejeitadas."
III. "Quem sabe escalar prédio não é rejeitado."

Assim, NÃO se pode concluir que pessoas

a) egoístas não sabem escalar prédio.
b) idosas não sabem escalar prédio.
c) idosas são rejeitadas.
d) rejeitadas não sabem escalar prédio.
e) rejeitadas são egoístas.

Questão nº 172 (ANPAD/2011) Toda rosa é perfumada. Existem flores que não são rosas e são perfumadas. Portanto,

a) todas as flores são perfumadas.
b) tudo que é perfumado é uma rosa.
c) existem flores perfumadas que não são rosas.
d) existem flores que são rosas e não são perfumadas.
e) existem flores que não são rosas e não são perfumadas.

Questão nº 173 (ANPAD/2011) Sabendo-se que todo benfeitor é altruísta e que existe algum filantropo que é benfeitor,
pode-se afirmar que

a) todo filantropo é altruísta.
b) todo benfeitor é filantropo.
c) não existe filantropo altruísta.
d) algum filantropo não é altruísta.
e) existe algum filantropo que é altruísta.

Questão nº 174 . (ANPAD/2011) Sejam dadas as afirmações:

I. Todo professor é estudioso.
II. Todo professor tem capacidade de aprender.
III. Carol é estudiosa.
IV. Marisa é professora.

Logo, pode-se concluir:

a) Carol tem capacidade de aprender.
b) Marisa tem capacidade de aprender.
c) Se um indivíduo é estudioso, então ele é professor.
d) Não existem indivíduos que são estudiosos e não são professores.
e) Existem pessoas que têm capacidade de aprender e que são estudiosas.

Questão nº 175 . (ANPAD/2011) Quem não corre anda. Logo,

a) quem anda corre.
b) quem corre anda.
c) quem anda não corre.
d) quem não anda corre.
e) quem não anda não corre.

Questão nº 176 (ANPAD/2011) Dado que "todo americano é patriota" e que "existem americanos que são importantes", pode-se concluir que

a) existem americanos importantes.
b) existem patriotas que são importantes.
c) não existem americanos importantes.
d) todo patriota é americano e importante.
e) existem patriotas que são americanos e importantes.

Questão nº 177 (ANPAD/2011) Considere os seguintes conjuntos formados por uma premissa seguida de uma conclusão.

I. Algum avô é economista. Logo, algum economista é avô.
II. Nenhum arquiteto é cantor. Logo, nenhum cantor é arquiteto.
III. Todo advogado é poeta. Logo, todo poeta é advogado.

Qual(is) é(são) argumento(s) válido(s)?

a) apenas I
b) apenas II
c) apenas I e II
d) apenas II e III
e) I, II e III

Questão nº 178 (ANPAD/2011) Em certo setor de uma empresa, sabe-se que toda mesa é azul ou preta e que algumas mesas azuis possuem computador. Então, em relação a esse setor, certamente é possível afirmar:

a) Toda mesa preta possui computador.
b) Se a mesa tem computador, então ela é azul.
c) Algumas mesas pretas possuem computador.
d) Se a mesa é azul, então ela possui computador.
e) Não é verdade que toda mesa azul não possui computador.

Questão nº 179 (ANPAD/2011) Sabe-se que, em certa concessionária, existe pelo menos um carro com câmbio automático e freios ABS. Além disso, sabe-se que todo carro com freios ABS tem ar-condicionado. Logo, nessa concessionária,

a) Todo carro com ar-condicionado tem freios ABS.
b) Todo carro com ar-condicionado tem câmbio automático.
c) Existe carro com câmbio automático que tem ar-condicionado.
d) Nenhum carro com câmbio automático tem ar-condicionado.
e) Nenhum carro que não tenha ar-condicionado tem câmbio automático.

Questão nº 180 . (ANPAD/2008) Em um grupo de rapazes, todos os mineiros são engenheiros, mas nenhum engenheiro é pobre. Todos os rapazes altos são gênios, e alguns gênios são pobres. Se nenhum gênio é engenheiro,

a) nenhum rapaz alto é mineiro.
b) pelo menos um rapaz alto é pobre.
c) pelo menos um rapaz mineiro é pobre.
d) todos os rapazes gênios são mineiros.
e) todos os rapazes gênios são altos.

Questão nº 181 (ANPAD/2008) Sejam as proposições: p : Todos os mineiros são simpáticos. q : Alguns paulistas são altos.
A proposição composta $p \wedge \sim q$ é expressa, na linguagem corrente, por

a) "Existem mineiros que não são simpáticos e alguns paulistas são altos".
b) "Existem mineiros que não são simpáticos ou alguns paulistas são altos".
c) "Todos os mineiros não são simpáticos ou todos os paulistas não são altos".
d) "Todos os mineiros são simpáticos ou todos os paulistas não são altos".
e) "Todos os mineiros são simpáticos e todos os paulistas não são altos".

Questão nº 182 (ANPAD/2008) Considere os argumentos abaixo.

I. Alguns animais são amarelos e algumas coisas amarelas são comestíveis. Logo, alguns animais amarelos são comestíveis.
II. Todas as cobras têm duas asas. Todos os seres de duas asas têm pernas. Logo, todas as cobras têm pernas.
III. Todos os poetas são pobres e alguns pobres são honestos. Logo, alguns poetas são honestos.

Indicando-se os argumentos válidos por V e as falácias por F, os argumentos I, II e III são, respectivamente,

a) F V F
b) F F V
c) F F F

d) V F V
e) V V V

Questão nº 183 (ANPAD/2008) Nem tudo o que começa chega ao fim, mas tudo o que chega ao fim tem de começar. Logo,

a) nada começa.
b) tudo chega a seu fim.
c) se algo começa, então chega ao fim.
d) não é verdade que tudo o que começa chega ao fim.
e) não é verdade que tudo o que começa não chega ao fim.

Questão nº 184 (ANPAD/2008) Dentre as alternativas expostas abaixo, assinale aquela que apresenta uma forma INVÁLIDA de argumento.

a) Nenhum paulista é cearense. Mas, alguns administradores são paulistas. Portanto, alguns administradores não são cearenses.
b) Toda pessoa com menos de três meses de idade é analfabeta. Nenhum administrador é analfabeto. Logo, nenhum administrador tem menos de três meses de idade.
c) Todo aquele que é graduado, concluiu o ensino superior. Todo administrador é graduado. Logo, todo administrador concluiu o ensino superior.
d) Todo administrador foi alfabetizado. Nenhum alienado é administrador. Logo, existe alguém que é alienado e alfabetizado.
e) Todo pós-doutor fala inglês fluentemente. Alguns administradores são pós-doutores. Assim, alguns administradores falam inglês fluentemente.

Questão nº 185 (ANPAD/2007) Todo ladrão é desonesto. Alguns ladrões são punidos. Portanto, pode-se afirmar que

a) alguns punidos são desonestos
b) nenhum ladrão é desonesto.
c) nenhum punido é ladrão.
d) todo ladrão é punido.
e) todo punido é ladrão.

Questão nº 186 (ANPAD/2008) Considere as seguintes premissas:
I. Nenhum estudante é ignorante.
II. Todo administrador é estudante.
Uma conclusão possível, decorrente dessas premissas, é a de que

a) nenhum administrador é ignorante.
b) algum administrador é ignorante.
c) todo administrador é ignorante.
d) algum estudante é ignorante.

e) todo estudante é administrador.

Questão nº 187 (ANPAD/2007) Das proposições "Nenhuma fruta marrom é doce" e "Algum abacaxi é doce", conclui-se que

a) "Algum abacaxi não é marrom".
b) "Todo abacaxi é marrom".
c) "Nenhum abacaxi é marrom".
d) "Algum abacaxi é marrom".
e) "Todo abacaxi não é marrom".

Questão nº 188 . (ANPAD/2007) Considerem-se as seguintes proposições:

- "Todas as pessoas ricas são cultas".
- "Nenhum pescador é culto".
- "Hugo é rico".

Uma conclusão que necessita de todas essa proposições como premissas é:

a) "Ricos são cultos".
b) "Hugo não é culto".
c) "Hugo não é pescador".
d) "Hugo é rico e pescador".
e) "Hugo é um pescador culto".

Questão nº 189 (ANPAD/2007) Considerem-se as seguintes premissas:

- "Todos os jogadores de futebol são bonitos".
- "Lucas não é bonito".

a) Alguém é jogador de futebol.
b) Todos são jogadores de futebol..
c) Todos são bonitos.
d) Lucas é jogador de futebol..
e) Lucas não é jogador de futebol

Questão nº 190 (ANPAD/2006) Considere os seguintes argumentos:
I. Todas as aves são carnívoras. Existem peixes que são carnívoros. Logo, existem peixes que são aves.
II. Todos os minerais são aves. Existem borboletas que são minerais. Logo, existem borboletas que são aves.
III. O assassino é o chofer ou Lea é pretensiosa. Ora, Lea não é pretensiosa. Logo, o assassino é o chofer.
A sequência CORRETA quanto à validade dos argumentos I, II e III é, respectivamente,

a) não válido, válido, válido.
b) não válido, válido, não válido.

c) não válido, não válido, não válido.
d) válido, válido, não válido.
e) válido, válido, válido.

Questão nº 191 (ANPAD/2005) Sejam dadas as premissas "Alguns engenheiros são estudiosos" e "Todos os engenheiros são aprovados no teste". Para que se tenha um argumento válido, pode-se concluir que

a) "Todos os estudiosos são engenheiros".
b) "Todos os estudiosos são aprovados no teste".
c) "Alguns estudiosos são aprovados no teste".
d) "Todos os aprovados no teste são engenheiros".
e) "Todos os aprovados no teste são estudiosos".

Questão nº 192 (ANPAD/2005) Considere as seguintes proposições.

- "Quem sabe pintar não é insensível".
- "Mutantes não sabem escrever".
- "Quem não sabe escrever é insensível".

Uma conclusão possível pode ser escrita como

a) "Os seres insensíveis não sabem escrever".
b) "Mutantes não sabem pintar".
c) "Seres que não sabem pintar são insensíveis".
d) "Seres que sabem escrever não são insensíveis".
e) "Seres que não sabem escrever são mutantes".

Questão nº 193 (ANPAD/2005) Considere as seguintes proposições: p : "Todo soldado é forte". q : "Alguns pedreiros não são fortes".
Supondo que p e q são verdadeiras, qual das seguintes alternativas está correta?

a) "Algum pedreiro não é soldado".
b) "Alguns soldados que são pedreiros não são fortes".
c) "Todos os soldados que são pedreiros são fortes".
d) "Nenhum soldado é pedreiro".
e) "Todo pedreiro é soldado".

Questão nº 194 (ANPAD/2005) Sabendo-se que todo A é B e que existe algum C que é A, pode-se afirmar que
a) algum C não é B.

b) existe pelo menos um C que é B.
c) não existe nenhum C que é B.
d) todo A é C.
e) todo C é B.

Questão nº 195 (ANPAD/2004) Se "Alguns profissionais são administradores" e "Todos os administradores são pessoas competentes", então, necessariamente, com as proposições apresentadas, pode-se inferir que

a) "Algum profissional é uma pessoa competente".
b) "Toda pessoa competente é administradora".
c) "Todo administrador é profissional".
d) "Nenhuma pessoa competente é profissional".
e) "Nenhum profissional não é competente".

Questão nº 196 . (ANPAD/2004) Todos os primogênitos da família Bragança têm olhos verdes. Eduardo tem olhos castanhos.
Então, pode-se afirmar que

a) Eduardo pertence à família Bragança.
b) Eduardo não pertence à família Bragança.
c) Eduardo pertence à família Bragança e é primogênito.
d) Se Eduardo é primogênito, então pertence à família Bragança.
e) Se Eduardo pertence à família Bragança, então não é primogênito.

Questão nº 197 (ANPAD/2004) Toda criança é feliz. Algumas pessoas que usam óculos são infelizes. Logo,

a) nenhuma criança usa óculos.
b) as pessoas que não usam óculos são felizes.
c) todas as crianças não usam óculos..
d) todas as pessoas que usam óculos são infelizes.
e) algumas crianças que usam óculos são infelizes.

Questão nº 198 (ANPAD/2003) Considere as proposições "Todos os cães são mamíferos" e "Alguns cães mordem". Então, conclui-se que

a) Todos os cães mordem
b) Todos os mamíferos mordem
c) Alguns mamíferos mordem
d) Nenhum mamífero morde
e) Nenhum cão morde.

Questão nº 199 (ANPAD/2002) São verdadeiras as seguintes afirmações:

I. Todos os mô são bô.
II. Todos os rê são bô.
III. Alguns rê funcionam.

Então, a sentença que é consequência lógica de I, II e III é

a) Alguns bô que funcionam não são rê.
b) Alguns bô funcionam e alguns bô que funcionam não são rê.
c) Alguns bô funcionam e nenhum mô funciona.
d) Alguns mô funcionam.
e) Alguns bô funcionam.

Questão nº 200 (ANPAD/2002) Considere as seguintes proposições:

I. Todo artista é simpático.
II. Todo político não é simpático.

Pode-se afirmar que

a) Alguns artistas são políticos.
b) Algumas pessoas simpáticas são políticos.
c) Nenhum artista é simpático.
d) Nenhum artista é político.
e) Nenhuma pessoa simpática é artista.

Questão nº 201 (ANPAD/2002) São verdadeiras as seguintes informações:

I. Todos os calouros são humanos.
II. Todos os estudantes são humanos.
III. Alguns estudantes pensam.
Assim, a sentença que é consequência lógica de I, II e III é

a) "Alguns humanos pensam."
b) "Alguns humanos que pensam não são estudantes."
c) "Alguns humanos pensam e nenhum calouro pensa."
d) "Alguns humanos pensam e alguns humanos que pensam não são estudantes."
e) "Todos os calouros são estudantes e alguns humanos pensam."

Questão nº 202 (ANPAD/2017) João fez a seguinte afirmação:

Todos os convidados do sexo masculino foram à festa, mas alguma convidada não foi.

A afirmação feita por João é falsa se e somente se, for verdadeira a seguinte afirmação:

a) Todas as convidadas foram à festa, mas algum convidado do sexo masculino não foi.
b) Todos os convidados do sexo masculino não foram à festa, ou alguma convidada não foi.
c) Algum convidado do sexo masculino não foi à festa, e todas as convidadas não foram.
d) Algum convidado do sexo masculino não foi à festa, ou todas as convidadas foram.
e) Algum convidado do sexo masculino não foi à festa, ou todas as convidadas não foram.

Questão nº 203 (ANPAD/2017) O fato de João ter ido ao cinema ou ao teatro é suficiente para Guilherme considera-lo um amante das artes e um bom vivant.

Para Guilherme não considerar João como um amante das artes é suficiente para garantir que João

a) Foi ao teatro, se, e somente se, for um bom vivant.
b) É um bom vivant,, se não tiver ido ao teatro.
c) Foi apenas ao cinema ou apenas ao teatro.
d) Foi ao cinema, se não tiver ido ao teatro.
e) Não foi ao cinema nem ao teatro.

Questão nº 204 (ANPAD/2017) Sejam p e q duas proposições lógicas simples.

A proposição lógica $(\sim p) \rightarrow q$ é falsa se, e somente se, a proposição

a) $p \vee q$ for verdadeira.
b) $\sim p$ for verdadeira.
c) $p \vee q$ for falsa.
d) $p \wedge q$ for falsa.
e) q for falsa.

Questão nº 205 Se o carro não é prata, então o carro é de João ou é de Maria.

A contraposição da afirmação dada é logicamente equivalente à seguinte proposição:

a) O carro é de João ou é de Maria, ou o carro é prata.
b) O carro é de João ou é de Maria, ou o carro não é prata.
c) Se o carro é de João ou é de Maria, então o carro não é prata.
d) Se o carro não é de João ou não é de Maria, então o carro é prata.
e) Se o carro não é de João nem é de Maria, então o carro não é prata.

Questão nº 206 (ANPAD/2017) Um estudante preencheu a tabela verdade apresentada a seguir, na qual o símbolo * representa, necessariamente, um dos seguintes conectivos: $\wedge$ (conjunção), $\vee$ (disjunção), $\rightarrow$ (condicional) ou $\leftrightarrow$ (bicondicional).

p	q	p*q

O estudante verificou, corretamente, que a proposição lógica (p*q) $\leftrightarrow$(q*p) não é uma tautologia.

Portanto, a proposição lógica p*q é falsa se, e somente se, for verdadeira a proposição

a) $p \wedge q$
b) $p \wedge (\sim q)$
c) $p \vee (\sim q)$
d) $q \rightarrow \sim p$
e) $(\sim p) \wedge (\sim q)$

Questão nº 207 (ANPAD/2017) Sejam E(p,q) e F(p,q) duas proposições lógicas compostas a partir das proposições lógicas simples p e q, tais que a proposição condicional E(p,q) $\rightarrow$ ~F(p,q) é uma contradição.

É necessariamente uma tautologia a proposição lógica dada por:

a) $E(p,q) \wedge F(p,q)$
b) $E(p,q) \wedge \sim F(p,q)$
c) $F(p,q) \rightarrow \sim E(p,q)$
d) $(\sim E(p,q)) \wedge (\sim F(p,q))$
e) $(\sim E(p,q)) \vee (\sim F(p,q))$

Questão nº 208 (ANPAD/2017) Considere que um argumento é *válido* quando o fato de se admitir que suas premissas são verdadeiras for suficiente para se garantir que sua conclusão decorre logicamente delas. A validade de um argumento, portanto se dá exclusivamente com base na articulação lógica entre premissas e conclusão. Por isso é comum se ter um argumento válido cuja conclusão é falsa. Exemplo disso é:

a) O número 6 é par.
   Todo número par é divisível por 2.
   Então, 6 não é divisível por 2.

b) Os números 3 e 5 são ímpares.
   A soma de dois números ímpares é par.
   Então, o número 6 é ímpar.

c) O número 3 é negativo.
   Todo número negativo é par.
   Logo, o número 3 é par.

d) A união de dois conjuntos finitos é um conjunto finito.
   Os conjuntos A e B são finitos
   Logo, o conjunto $A \cap B$ é infinito.

e) Toda pirâmide é um cilindro.
   Algum cilindro é um cone.

Então, alguma pirâmide é um cone.

Questão nº 209 (ANPAD/2017) No conjunto U={0,1}, considere as operações + e x definidas por:

+	0	1
0	0	1
1	1	1

x	0	1
0	0	0
1	0	1

Então, $\exists x \in U$, $\exists y \in U$, tais que:

a) x+(y+z) ≠ (x+y)+z
b) x+(yxz) ≠ (x+y) x (x+z)
c) x x (y+z) ≠ (x x y) + (x x z)
d) (x+x) x (y+z) ≠ x + (y+z)
e) (x+y+z) x (x+y+z) ≠ (x+y+z)

Questão nº 210 (ANPAD/2017) Um argumento tem suas premissas dadas a seguir:

- Todos os advogados usam terno.
- Alguns matemáticos são advogados.
- Todos os matemáticos trabalham com a lógica.
- Uma conclusão que completa tal argumento e o torna válido é:

a) Alguns que trabalham com a lógica usam terno.
b) Alguns que não trabalham com a lógica são advogados.
c) Todos os matemáticos que não são advogados não usam terno.
d) Os advogados que não são matemáticos não trabalham com a lógica.
e) Todos que não trabalham com a lógica não são matemáticos nem advogados.

Questão nº 211 (ANPAD/2017) Em um jogo de quebra-cuca, João precisa falar uma proposição que necessariamente não tenha valor lógico V (de verdade).

João cumprirá o objetivo da brincadeira se falar a seguinte proposição:

a) Nem toda proposição que falo é verdadeira, mas é falsa.
b) Alguma proposição que falo é verdadeira ou falsa.
c) Esta proposição que agora falo não é falsa.
d) Toda proposição que falo é verdadeira.
e) Toda proposição que falo é falsa.

Questão nº 212 (ANPAD/2017) Considere que o "dia X" foi um dia que não foi sábado nem domingo. Sobre o dia X, são feitas quatro proposições, conforme a seguir:

1) O dia X não foi uma quarta-feira ou não foi uma quinta-feira.
2) O dia X foi segunda-feira ou foi quarta-feira.
3) O dia X foi quinta-feira ou foi sexta-feira.
4) O dia X foi terça-feira ou foi quinta-feira.

Seja n o número de proposições verdadeiras dentre aquelas dadas acima. Sabe-se que $n \neq 2$.

Sabe-se que o dia Y foi o dia seguinte ao dia X.

Trocando-se dia X por dia Y nas proposições 1, 2, 3 e 4, tem-se que os seus valores lógicos (V se verdadeiro; F se falso) são respectivamente:

a) V F V V
b) V F V F
c) V V F F
d) V F F F
e) F V F V

Questão nº 213 (ANPAD/2017) Sejam p e q duas proposições lógicas simples e E(p,q) e F(p,q) duas proposições lógicas compostas a partir de p e q.

A seguinte tabela-verdade foi preenchida de tal forma que suas duas primeiras colunas exaurem as possíveis disposições dos valores lógicos assumidos pelo par de proposições (p, q) e as quatro colunas subsequentes apresentam os correspondes valores lógicos das proposições $p \wedge q$, $p \vee q$, E(p,q) e F(p,q). Sabe-se que, ao final do preenchimento desta tabela-verdade, o número de valores lógicos V (de verdade) presentes foi igual ao número de valores lógicos F (de falso).

p	q	$p \wedge q$	$p \vee q$	E(p,q)	F(p,q)

Conclui-se que E(p,q) é uma contradição se, e somente se, for uma tautologia a proposição:

a) $(p \vee q) \wedge F(p,q)$
b) $(p \wedge q) \vee (\sim F(p,q))$
c) $(p \vee q) \wedge (\sim F(p,q))$
d) $(\sim E(p,q)) \wedge F(p,q)$
e) $(\sim E(p,q)) \vee F(p,q)$

Questão nº 214 (ANPAD/2017) João disse que existe um estado brasileiro no qual não há município algum em que todas as empresas de ônibus possuam todos os ônibus sem ar-condicionado.

A afirmação de João é falsa se, e somente se, em

a) Todos os municípios de um estado brasileiro, alguma empresa de ônibus possuir algum ônibus com ar-condicionado.
b) Nenhum município de um estado brasileiro, alguma empresa de ônibus possuir algum ônibus com ar-condicionado.
c) Todos os estados brasileiros, houver algum município no qual alguma empresa de ônibus possua algum ônibus com ar-condicionado.
d) Todos os estados brasileiros, as empresas de ônibus de todos os municípios possuírem algum ônibus com ar-condicionado.
e) Algum município, de cada estado, alguma empresa de ônibus possuir todos os ônibus com ar-condicionado.

Questão nº 215 (ANPAD/2017) Sejam q, r e s proposições lógica simples e P a proposição lógica definida por:

P: $(q \vee (r \vee \sim s)) \wedge (\sim q)$

A proposição P é falsa se, e somente se, for verdadeira a proposição

a. $(q \vee (\sim r)) \vee (q \vee s)$
b. $(q \vee (\sim r)) \wedge (q \vee s)$
c. $(q \vee (\sim r)) \wedge (q \wedge s)$
d. $(q \vee (\sim r)) \vee (q \wedge s)$
e. $((\sim q) \wedge r) \vee ((\sim q) \vee (\sim s))$

Questão nº 216 (ANPAD/2017) As condições "ter sobrenome Silva" e "não morar em Rondônia", se atendidas simultaneamente por uma mesma pessoa, são suficientes para garantir que tal pessoa é minha parente.

Portanto, morar em Rondônia é uma condição

a) necessária para uma pessoa que tem sobrenome Silva não ser minha parente.
b) necessária para uma pessoa não ter sobrenome Silva nem ser minha parente.
c) necessária para uma pessoa ser minha parente ou não ter sobrenome Silva.
d) suficiente para uma pessoa que tem sobrenome Silva não ser minha parente.
e) suficiente para uma pessoa que ser minha parente ou não ter sobrenome Silva.

Questão nº 217 (ANPAD/2017) Ana, Zaia, Carlos e Daniel são amigos que saíram para jantar. Cada um dos quatro amigos chegou ao restaurante com o próprio veículo: um carro branco, um verde, uma moto branca ou uma moto verde. Não se sabe a qual amigo pertence cada um, mas sabe-se que:

I. A cor do veículo de Carlos é verde, se for moto.

II. A cor do veículo de Zaia é branca se, e somente se, for carro.
III. Se um veículo não é de Ana nem de Carlos, então não é de cor branca.

Portanto, um veículo citado não é um carro nem é de cor verde se, e somente se, ele pertence a

a) Ana
b) Zaia
c) Carlos
d) Daniel
e) Ana ou Carlos

Questão nº 218 (ANPAD/2017) Maria foi a um brechó. Lá, diante dos objetos que estavam dispostos para venda, Maria disse:

Há pelo menos um objeto que eu quero comprar e há pelo menos um objeto que eu não quero comprar.

A negação da afirmação feita por Maria e logicamente equivalente à afirmação:

a) Eu quero comprar todos os objetos e eu quero comprar nenhum objeto.
b) Eu não quero comprar objeto algum, ou eu quero comprar todos os objetos.
c) Há algum objeto que eu não quero comprar, ou eu não quero comprar objeto algum.
d) Há no máximo um objeto que eu quero comprar, ou há no máximo um objeto que eu não quero comprar.
e) Não há pelo menos um objeto que eu quero comprar e não há pelo menos um objeto que eu não quero comprar.

Questão nº 219 (ANPAD/2017) Sejam x e y dois números reais que tornam falsas, simultaneamente, as duas proposições a seguir:

I. se $x \geq 2$, então $y < 3$

II. se $y \leq 3$, então $2x + y > 7$.

Para tais números reais x e y, também é falsa a proposição

a) se $x = y$, então $y > x$
b) se $y > x$, então $y - x = 1$
c) Se $y > x$, então $x + y < 5$
d) se $x \cdot y = 6$, então $x - y = 1$
e) se $x - y = 1$, então $(y - x)^2 = 1$

Questão nº 220 (ANPAD/2017) Considere as seguintes afirmações sobre a idade e a naturalidade de João, bem como sobre sua mala, que tem apenas uma cor.

I. A mala de João é preta ou cinza.
II. Se João tem mais de 18 anos, então João nasceu em São Paulo.
III. A mala de João não é preta nem cinza.

IV. João tem mais de 18 anos e não nasceu em São Paulo.
V. João tem, no máximo, 18 anos, ou sua mala não é preta.

Sabe-se que, das cinco afirmações dadas, apenas três são falsas. Assim sendo, necessariamente, João

a) tem, no máximo, 18 anos e sua mala não é preta.
b) tem, no máximo, 18 anos e sua mala não é cinza.
c) tem mais de 18 anos e não nasceu em São Paulo.
d) tem mais de 18 anos e nasceu em São Paulo.
e) tem mais de 18 anos e sua mala não é cinza.

Questão nº 221(ANPAD/2017) Considere a seguinte proposição:

Se nenhum amigo foi para Teresópolis, então Maria não está realizada.

Logicamente, a contraposição de tal proposição situa a condição de Maria estar realizada como

a) necessária para que algum amigo tenha ido para Teresópolis.
b) suficiente para que algum amigo tenha ido para Teresópolis.
c) suficiente para que algum amigo não tenha ido para Teresópolis.
d) suficiente para que todos os amigos tenham ido para Teresópolis.
e) necessária para que todos os amigos tenham ido para Teresópolis.

Questão nº 222 (ANPAD/2017) Um professor de matemática escreveu no quadro a seguinte proposição:

$$\forall k \in \mathbb{R}, \exists c \in \mathbb{R}, \text{ para o qual } x^2 + c > k, \forall x \in \mathbb{R}$$

Um estudante encontraria um exemplo de que tal proposição é falsa se, e somente se, ele mostrasse que:

a) $\forall k \in \mathbb{R}$, $\forall c \in \mathbb{R}$, $\nexists x \in \mathbb{R}$, para o qual $x^2 + c \leq k$
b) $\forall k \in \mathbb{R}$, $\exists c \in \mathbb{R}$ tal que, $\forall x \in \mathbb{R}$, tem-se que $x^2 + c > k$
c) $\exists k \in \mathbb{R}$, $\nexists c \in \mathbb{R}$ tal que, $\forall x \in \mathbb{R}$, tem-se que $x^2 + c \leq k$
d) $\exists k \in \mathbb{R}$, tal que, $\forall c \in \mathbb{R}$, $\exists x \in \mathbb{R}$, tem-se que $x^2 + c < k$
e) $\exists k \in \mathbb{R}$, tal que, $\forall c \in \mathbb{R}$, tem-se que $x^2 + c \leq k$, para algum $x \in \mathbb{R}$.

Questão nº 223 (ANPAD/2017) João disse que não havia ido ao estádio ou não havia ido ao teatro.

João terá mentido se, e somente se, for verdade que

a) João foi ao estádio e foi ao teatro.
b) João foi ao estádio ou foi ao teatro.
c) ou João foi ao estádio, ou foi ao teatro.
d) João não foi ao estádio e não foi ao teatro.
e) João não foi ao estádio, mas pode ter ido ao teatro.

Capítulo 10

Soluções das Questões do 5º Grupo

Solução da Questão nº 160

Convenção:
F(x): x é funcionário terceirizado.
D(x): x ficará até dezembro.
P(x): x é pintor.
E(x): x é eletricista.

Simbolização:

I. $\exists x(F(x) \wedge \sim D(x))$
II. $\forall x\ [\ (F(x) \wedge P(x) \wedge E(x)) \rightarrow D(x))$

1. Suponha que:
m seja o funcionário terceirizado que não ficará até dezembro; ou seja: que: $(F(m) \wedge \sim D(m))$ seja verdadeira.
2. Logo, tanto F(m) quanto ~D(m) serão verdadeiras.
3. Como $(F(x) \wedge P(x) \wedge E(x)) \rightarrow D(x))$ vale para todo x, valera em particular para **m** e assim:
$(F(m) \wedge P(m) \wedge E(m)) \rightarrow D(m))$ será verdadeira.
4.Como ~D(m) é verdadeira, segue-se que D(m) é falsa.
5. De 4 e 3 segue-se que $(F(m) \wedge P(m) \wedge E(m))$ é falsa.
6. De 5 segue-se que $\sim(F(m) \wedge P(m) \wedge E(m))$ é verdadeira.
7. De 6 segue-se que $(\sim F(m)) \vee (\sim P(m)) \vee (\sim E(m))$ é verdadeira.
8. Como $(\sim F(m)) \vee \sim(P(m)) \vee (\sim E(m))$ é equivalente a $F(m) \rightarrow (\sim P(m)) \vee (\sim E(m)))$ segue-se:
9. $(\sim P(m)) \vee (\sim E(m))$, de 8 e 2
10. $F(m) \wedge ((\sim P(m)) \vee (\sim E(m))$, de 9 e 2
11. $\exists x(F(x) \wedge ((\sim P(x)) \vee (\sim E(x))$, de 10 e introdução do $\exists$

Daí segue-se que: Algum funcionário terceirizado, não é pintor ou não é eletricista. E a alternativa correta é a letra c).

Resposta: c

Solução da Questão nº 161

I. "Algum estudante que é monitor não recebe bolsa."
II. "Todos aqueles estudantes que estão no sétimo período recebem bolsa"

Convenção:
E(x): x é estudante.
M(x): x é monitor.
B(x): x recebe bolsa.
S(x): x está no sétimo período.

Simbolização:

I. $\exists x(E(x) \wedge M(x) \wedge \sim B(x))$
II. $\forall x\ [\ (E(x) \wedge S(x)) \rightarrow B(x))$

1. Suponha que:
m seja o estudante que é monitor e não recebe bolsa; ou seja: que: $E(m) \wedge M(m) \wedge \sim B(m)$ seja verdadeira.
2. Logo, tanto E(m), como M(m) e ~B(m) serão verdadeiras.
3. Como $(E(x) \wedge S(x)) \rightarrow B(x)$ vale para todo x, valera em particular para **m** e assim:
$(E(m) \wedge S(m)) \rightarrow B(m)$ será verdadeira.
4.Como de 2, ~B(m) é verdadeira, segue-se que B(m) é falsa.
5. De 4 e 3 segue-se que $(E(m) \wedge S(m))$ é falsa.
6. De 2 e 5 segue-se que $\sim (E(m) \wedge M(m) \wedge S(m))$ é verdadeira.
7. De 6 segue-se que $[E(m) \wedge M(m)] \rightarrow \sim S(m)$ é verdadeira.
8. De 1 e 7 segue-se que ~S(m) é verdadeira.
9. Assim de 1 e 8 segue-se que $(E(m) \wedge M(m) \wedge \sim S(m)$ é verdadeira.
10. De 9, segue-se que $\exists x(E(x) \wedge M(x) \wedge \sim S(x))$ é verdadeira.

Daí segue-se que: Algum estudante que é monitor não está no sétimo período. E a alternativa correta é a letra d).

Resposta: d

Solução da Questão nº 162
Convenção:

Pd(x): x é padeiro.

Mu(x): x é músico.

Pi(x): x é pintor.

Me(x): x é médico.

S(x): x é sorveteiro.

Simbolização:

$\forall x[(Pa(x) \rightarrow (\ Mu(x) \vee Pi(x)\ )\ ]$

$\exists x\ [\ S(x) \wedge Pa(x) \wedge Me(x)\ ]$

$\forall x\ [\ Pi(x) \rightarrow \sim Me(x)\ ]$

1. Suponha que **m** seja quem satisfaz a $[S(x) \wedge Pa(x) \wedge Me(x)]$. Assim, é verdadeira $[S(m) \wedge Pa(m) \wedge Me(m)]$.
2. Logo, tanto S(m), como Pa(m) e Me(m) serão verdadeiras.
3. Como $[\ Pi(x) \rightarrow \sim Me(x)\ ]$ vale para todo x, valera em particular para **m** e assim:

[Pi(m) → ~Me(m)] será verdadeira.

4. De 2 e 3, segue-se que ~Pi(m) é verdadeira.
5. De 4, segue-se que Pi(m) é falsa.
6. Como [(Pa(x) → (Mu(x) ∨ Pi(x))] vale para todo x, valera em particular para **m** e assim:

[Pa(m) → (Mu(m) ∨ Pi(m))] será verdadeira.

7. De 2 e 6, segue-se que (Mu(m) ∨ Pi(m) é verdadeira.

8. De 7 e 5, segue-se que Mu(m) é verdadeira.

9. De 2 e 8, segue-se que S(m) ∧ Mu(m) é verdadeira.

10. De 9, segue-se que é verdadeira **∃x(S(x)∧Mu(x)**.

Logo, algum sorveteiro é músico; e a alternativa correta é a letra b).

Resposta: b

Solução da Questão nº 163

I. Algum carro de Jorge não é novo ou não é vermelho.
II. Todo carro esportivo é vermelho.
III. Todo carro de Jorge é novo e cintilante.

Simbolizando:

I. ∃x(C (x) ∧ J(x) ∧ (~N(x)∨~V(x))
II. ∀x[(C(x) ∧ E(x)) → V(x)]
III. ∀x[(C(x) ∧ J(x)) →(N(x) ∧ Ct(x))]

Premissa	1. ∃x(C (x) ∧ J(x) ∧ (~N(x)∨~V(x))
Premissa	2. ∀x[(C(x) ∧ E(x)) → V(x)]
Premissa	3. ∀x[(C(x) ∧ J(x)) →(N(x) ∧ Ct(x))]
De 1, suponha	4. C (m) ∧ J(m) ∧ (~N(m)∨~V(m))
de 4 e ∧ eliminação	5. C(m) ∧ J(m)
de 4 e ∧ eliminação	6. J(m)
de 4 e ∧ eliminação	7. (~N(m)∨~V(m))
de 2 e ∀ eliminação	8. (C(m) ∧ E(m))→ V(m)
de 3 e ∀ eliminação	9. (C(m) ∧ J(m)) → (N(m) ∧ Ct(m))
5 e 9 e Modus Ponens	10. (N(m) ∧ Ct(m))

de 8	11. $\sim V(m) \rightarrow (\sim C(m) \vee \sim E(m))$
de 7	12. $(N(m) \rightarrow \sim V(m))$
de 11 e 12 e transitividade	13. $(N(m) \rightarrow (\sim C(m) \vee \sim E(m)))$
de 10 e $\wedge$ eliminação	14. $N(m)$
de 14 e 13 e Modus Ponens	15. $(\sim C(m) \vee \sim E(m))$
de 4 e $\wedge$ eliminação	16. $C(m)$
de 16 e 15	17. $\sim E(m)$
de 10 e $\wedge$ eliminação	18. $Ct(m)$
de 5, 18 e 17 e $\wedge$ introdução	19. $C(m) \wedge J(m) \wedge Ct(m) \wedge \sim E(m)$
19 e $\exists$ introdução	20. $\exists x\, [\, C(x) \wedge J(x) \wedge Ct(x) \wedge \sim E(x)\,]$

Ou seja: Algum carro de Jorge é cintilante, mas não é esportivo.

Resposta: e

Solução da Questão nº 164

1. Todas as aves são carnívoras. Existem peixes que são carnívoros. Logo existem peixes que são aves.
2. Todos os minerais são aves. Existem borboletas que são minerais. Logo, existem borboletas que são aves.
3. O assassino é o chofer ou Lea é pretensiosa. Ora, Lea não é pretensiosa. Logo, o assassino é o chofer.

Convenção:
A(x): x é ave
C(x): x é carnívora
P(x): x é peixe.
M(x): x é mineral
B(x): x é borboleta.
Q: O assassino é o chofer
R: Léa é pretensiosa..

Simbolização:

1. $\forall x(A(x) \rightarrow C(x))$; $\exists x(P(x) \wedge C(x))$. Logo, $\exists x((P(x) \wedge A(x))$. Não Válido
2. $\forall x(M(x) \rightarrow A(x))$; $\exists x(B(x) \wedge M(x))$. Logo, $\exists x((B(x) \wedge A(x))$. Válido
3. $(Q \vee R)$; $(\sim R)$. Logo, Q Válido

A sequência correta quanto a validade dos argumentos 1, 2 e 3 e respectivamente:
a) Falso, verdadeiro, verdadeiro

Resposta: a

Solução da Questão nº 165

(1) Todos os brasileiros são vegetarianos.
(2) Todos os vegetarianos são magros.
(3) Existem índios que são brasileiros.
Conclusão: (4) existem índios que são magros.

(1) $\forall x(B(x) \rightarrow V(x))$
(2) $\forall x(V(x) \rightarrow M(x))$
(3) $\exists x (I(x) \wedge B(x))$
Conclusão: (4) $\exists x (I(x) \wedge M(x))$

b) válida e tem conclusão verdadeira, embora existam premissas falsas.

Resposta: b

Solução da Questão nº 166

"Todo administrador entende de finanças pessoais." "Alguns alunos que estudam em uma faculdade não entendem de finanças pessoais".

(1) $\forall x(Ad(x) \rightarrow E(x))$
(2) $\exists x (Al(x) \wedge \sim E(x))$
Conclusão: (3) $\exists x (Al(x) \wedge \sim Ad(x))$

Alguns alunos que estudam em uma faculdade não são administradores

Resposta: e

Solução da Questão nº 167

I. Toda pessoa magra faz dieta alimentar.
II. Manoel faz dieta alimentar.

Convenção:
M(x): x é pessoa magra.
D(x): x faz dieta alimentar.
J: João

Simbolização:

I. $\forall x(M(x) \rightarrow D(x))$

De I e eliminação do $\forall$, tem-se: $M(j) \rightarrow D(j)$
Ou seja:
c) Se João é magro, então ele faz dieta alimentar.

Resposta: c

Solução da Questão nº 168

I. Nenhuma bola é vermelha. $\sim\exists x (B(x) \wedge V(x))$,

II. Algumas frutas são vermelhas $\exists x\ (F(x) \wedge V(x))$

Premissa	1. $\sim\exists x\ (B(x) \wedge V(x))$.
De 1	2. $\forall x(B(x) \rightarrow \sim V(x))$
Premissa	3. $\exists x\ (F(x) \wedge V(x))$
Suponha	4. $F(a) \wedge V(a)$
De 4	5 $F(a)$
De 4	6. $V(a)$
De 2 e $\forall$ eliminação	7. $(B(a) \rightarrow \sim V(a))$
De 6 e 7	8. $(\sim B(a))$
De 5 e 8	9.$F(a) \wedge (\sim B(a))$
De 9 e introdução do $\exists$	10. $\exists x(F(x) \wedge (\sim B(x)))$

Então, pode-se concluir que

c) algumas frutas não são bolas.

Resposta: c

Solução da Questão nº 169

"Todos que são bem- humorados são alegres" e "Todos que são alegres são simpáticos". Logo, pode-se concluir:

Premissa	1. $\forall x(B(x) \rightarrow A(x))$
Premissa	2. $\forall x(A(x) \rightarrow S(x))$
De 1 e 2	3. $\forall x(B(x) \rightarrow S(x))$
De 3	4. $\forall x(((\sim S(x)) \rightarrow (\sim B(x))$
De 4 e eliminação do $\forall$	5. $((\sim S(m)) \rightarrow (\sim B(m))$

c) Manoel não é simpático, então ele não é bem-humorado.

Resposta: c

Solução da Questão nº 170

Se tudo que é amor é proibido e toda proibição é cobiçada, então

Premissa	1. $\forall x(A(x) \rightarrow P(x))$
Premissa	2. $\forall x(P(x) \rightarrow C(x))$
De 1 e 2	3. $\forall x(A(x) \rightarrow C(x))$

d) tudo que é amor é cobiçado.

Resposta: c

Solução da Questão nº 171

I. "Pessoas idosas são egoístas."
II. "Pessoas egoístas são rejeitadas."
III. "Quem sabe escalar prédio não é rejeitado."
Assim, NÃO se pode concluir que pessoas

Simbolização
I. $\forall x(I(x) \rightarrow E(x))$
II. "$\forall x(E(x) \rightarrow R(x))$."
III. "$\forall x(Es(x) \rightarrow \sim R(x))$

e) rejeitadas são egoístas.

Resposta: e

Solução da Questão nº 172

Toda rosa é perfumada. Existem flores que não são rosas e são perfumadas.

Premissa	1. $\forall x(R(x) \rightarrow P(x))$
Premissa	2. $\exists x(F(x) \wedge \sim R(x) \wedge P(x)))$.
De 2	3. $\exists x(F(x) \wedge P(x) \wedge \sim R(x))$.

Portanto,
c) existem flores perfumadas que não são rosas.

Resposta: c

Solução da Questão nº 173

Sabendo-se que todo benfeitor é altruísta e que existe algum filantropo que é benfeitor,

Premissa	1. $\forall x(B(x) \rightarrow A(x))$
Premissa	2. $\exists x(F(x) \wedge B(x))$
	Logo, $\exists x(F(x)) \wedge A(x))$

e) existe algum filantropo que é altruísta.

Resposta: e

Solução da Questão nº 174

I. Todo professor é estudioso.
II. Todo professor tem capacidade de aprender.
III. Carol é estudiosa.
IV. Marisa é professora.

Simbolização:
I. $\forall x(P(x) \rightarrow E(x))$
II. $\forall x(P(x) \rightarrow C(x))$

III. E(c).
IV. P(m)

1. $\forall x(P(x) \rightarrow E(x))$ Premissa
2. $\forall x(P(x) \rightarrow C(x))$ Premissa
3. E(c). Premissa
4. (P(m)) Premissa
5. $P(m) \rightarrow E(m)$ 1 e eliminação do $\forall$
6. E(m)) 4 e 5
7. $P(m) \rightarrow C(m))$ 2 1 e eliminação do $\forall$
8. C(m) 4 e 7
9. $C(m) \wedge E(m)$ 8 e 6
10. $\exists x(C(x) \wedge E(x))$ 9 e introdução do $\exists$

Logo, pode-se concluir:

e) Existem pessoas que têm capacidade de aprender e que são estudiosas.

Resposta: e

Solução da Questão nº 175
Quem não corre anda. Logo,

Simbolização:
$\forall x((\sim C(x)) \rightarrow A(x))$
Logo, $\forall x((\sim A(x)) \rightarrow C(x))$

d) quem não anda corre.

Resposta: d

Solução da Questão nº 176
"todo americano é patriota" e "existem americanos que são importantes", pode-se concluir que

1. $\forall x((A(x)) \rightarrow P(x))$ Premissa
2. $\exists x(A(x) \wedge I(x))$ Premissa

Logo, $\exists x(P(x) \wedge I(x))$

b) existem patriotas que são importantes.

Resposta: b

Solução da Questão nº 177
I. Algum avô é economista. Logo, algum economista é avô.
II. Nenhum arquiteto é cantor. Logo, nenhum cantor é arquiteto.
III. Todo advogado é poeta. Logo, todo poeta é advogado.

Simbolização:

I. ∃x(A(x)) ∧ E(x)). Logo, ∃x(E(x)) ∧ A(x)). Válido
II. ~∃x(Ar(x)) ∧ C(x)). Logo, ~∃x(C(x)) ∧ Ar(x)). Válido
III. ∀x (Ad(x)→P(x)). Logo, ∀x (P(x)→Ad(x)). Não Válido

Qual(is) é(são) argumento(s) válido(s)?

c) apenas I e II

Resposta: c

Solução da Questão nº 178
Em certo setor de uma empresa, sabe-se que toda mesa é azul ou preta e que algumas mesas azuis possuem computador.

Premissa 1. ∀x (M(x)→(Az(x)∨P(x)).
Premissa 2. ∃x (M(x)∧Az(x)∧C(x))
Logo, ~∀x[(M(x) ∧ Az(x))→~C(x))]

e) Não é verdade que toda mesa azul não possui computador.

Resposta: e

Solução da Questão nº 179
Sabe-se que, em certa concessionária, existe pelo menos um carro com câmbio automático e freios ABS. Além disso, sabe-se que todo carro com freios ABS tem ar-condicionado.
∃x(C(x) ∧ Au(x)∧F(x))
∀x(F(x)→Ar(x))
Logo, nessa concessionária, ∃x(C(x) ∧ Au(x)∧ Ar(x))
c) Existe carro com câmbio automático que tem ar-condicionado.

Resposta: c

Solução da Questão nº 180
Em um grupo de rapazes, todos os mineiros são engenheiros, mas nenhum engenheiro é pobre. Todos os rapazes altos são gênios, e alguns gênios são pobres. Se nenhum gênio é engenheiro,

1. ∀x(M(x)→E(x))
2. ~∃x(E(x) ∧ P(x))
3. ∀x(A(x)→G(x))
4. ∃x(G(x) ∧ P(x))
5. ~∃x(G(x) ∧ E(x))
6. ∀x(G(x)→(~E(x))) de 5
7. ∀x(A(x)→(~E(x))) De 3 e 6

8. $\forall x(\sim E(x) \rightarrow (\sim M(x)))$ De 1
9. $\forall x(A(x) \rightarrow (\sim M(x)))$ De 7 e 8
10. $\sim \exists x(A(x) \wedge M(x))$

a) nenhum rapaz alto é mineiro.

Resposta: a

Solução da Questão nº 181

p : Todos os mineiros são simpáticos.
q : Alguns paulistas são altos.

$\sim q$: $\sim \exists x(P(x) \wedge A(x))$ é equivalente a $\forall x(P(x) \rightarrow (\sim A(x)))$

A proposição composta $p \wedge \sim q$ é expressa, na linguagem corrente, por

e) "Todos os mineiros são simpáticos ou todos os paulistas não são altos".

Resposta: e

Solução da Questão nº 182

I. Alguns animais são amarelos e algumas coisas amarelas são comestíveis. Logo, alguns animais amarelos são comestíveis.
II. Todas as cobras têm duas asas. Todos os seres de duas asas têm pernas. Logo, todas as cobras têm pernas.
III. Todos os poetas são pobres e alguns pobres são honestos. Logo, alguns poetas são honestos.

Indicando-se os argumentos válidos por V e as falácias por F, os argumentos I, II e III são, respectivamente,

a) F V F

Resposta: a

Solução da Questão nº 183

Nem tudo o que começa chega ao fim, mas tudo o que chega ao fim tem de começar. $\sim \forall x(C(x) \rightarrow F(x))$
Logo,

d) não é verdade que tudo o que começa chega ao fim.

Resposta: d

Solução da Questão nº 184

Dentre as alternativas expostas abaixo, assinale aquela que apresenta uma forma INVÁLIDA de argumento.

$\forall x(A(x) \rightarrow Al(x))$. $\sim \exists x(Ald(x) \wedge A(x))$. Logo, $\exists x(Ald(x) \wedge Al(x))$

d) Todo administrador foi alfabetizado. Nenhum alienado é administrador. Logo, existe alguém que é alienado e alfabetizado.

Resposta: d

Solução da Questão nº 185

Todo ladrão é desonesto. Alguns ladrões são punidos. Portanto, pode-se afirmar que

1. $\forall x((L(x)) \to D(x))$ Premissa
2. $\exists x(L(x) \wedge P(x))$ Premissa

   Logo, $\exists x(P(x) \wedge D(x))$

a) alguns punidos são desonestos.

Resposta: a

Solução da Questão nº 186

Considere as seguintes premissas:

I. Nenhum estudante é ignorante.
II. Todo administrador é estudante.

Simbolização:
I. $\sim\exists x\ (E(x) \wedge I(x))$.
II. $\forall x\ (A(x) \to E(x))$

1. . $\sim\exists x\ (E(x) \wedge I(x))$. Premissa
2. $\forall x\ (A(x) \to E(x))$ Premissa
3. $\forall x\ (E(x) \to \sim I(x))$ De 1
4. $\forall x\ (A(x) \to \sim I(x))$ De 2 e 3
5. $\sim\exists x\ (A(x) \wedge I(x))$.

Uma conclusão possível, decorrente dessas premissas, é a de que
a) nenhum administrador é ignorante.

Resposta: a

Solução da Questão nº 187

Das proposições "Nenhuma fruta marrom é doce" e "Algum abacaxi é doce", conclui-se que
a) "Algum abacaxi não é marrom".

Resposta: a

Solução da Questão nº 188

Considerem-se as seguintes proposições:

1. "Todas as pessoas ricas são cultas".
2. "Nenhum pescador é culto".
3. "Hugo é rico".

1.	$\forall x\ (R(x) \rightarrow C(x))$	Premissa
2.	$\sim\exists x(P((x) \wedge C(x))$	Premissa
3.	$R(h)$	Premissa
4.	$\forall x\ (P(x) \rightarrow (\sim C(x)))$	De 2
5.	$\forall x\ (C(x) \rightarrow (\sim P(x)))$	De 4
6.	$\forall x\ (R(x) \rightarrow (\sim P(x)))$	De 1 e 5
7.	$R(h) \rightarrow (\sim P(h))$	6 e elim inação do $\forall$
8.	$(\sim P(h))$	3 e 7

Uma conclusão que necessita de todas essa proposições como premissas é:
c) "Hugo não é pescador".

Resposta: c

Solução da Questão nº 189

Considerem-se as seguintes premissas:

- "Todos os jogadores de futebol são bonitos".
- "Lucas não é bonito".

Logo,
e) Lucas não é jogador de futebol

Resposta: e

Solução da Questão nº 190

Considere os seguintes argumentos:.
I. Todas as aves são carnívoras. Existem peixes que são carnívoros. Logo, existem peixes que são aves.
II. Todos os minerais são aves. Existem borboletas que são minerais. Logo, existem borboletas que são aves.
III. O assassino é o chofer ou Lea é pretensiosa. Ora, Lea não é pretensiosa. Logo, o assassino é o chofer.

A sequência CORRETA quanto à validade dos argumentos I, II e III é, respectivamente,

b) não válido, válido, não válido.

Resposta: b

Solução da Questão nº 191

Sejam dadas as premissas "Alguns engenheiros são estudiosos" e "Todos os engenheiros são aprovados no teste".
$\exists x(En(x) \wedge Es(x))$
$\forall x(En(x) \rightarrow Ap(x))$
Logo, $\exists x(Es(x) \wedge Ap(x))$

Para que se tenha um argumento válido, pode-se concluir que
c) "Alguns estudiosos são aprovados no teste".

Resposta: c

Solução da Questão nº 192
Considere as seguintes proposições.

I. "Quem sabe pintar não é insensível".
II. "Mutantes não sabem escrever".
III. "Quem não sabe escrever é insensível".

Simbolização:

I. $\forall x(P(x) \rightarrow \sim I(x))$
II. $\forall x(M(x) \rightarrow \sim E(x))$
III. $\forall x(\sim E(x) \rightarrow I(x))$

1.	$\forall x(P(x) \rightarrow \sim I(x))$	Premissa
2.	$\forall x(M(x) \rightarrow \sim E(x))$	Premissa
3.	$\forall x(\sim E(x) \rightarrow I(x))$	Premissa
4.	$\forall x(M(x) \rightarrow I(x))$	de 2 e 3
5.	$\forall x(I(x) \rightarrow \sim P(x))$	de 1
6.	$\forall x(M(x) \rightarrow \sim P(x))$	de 4 e 5

Uma conclusão possível pode ser escrita como

b) "Mutantes não sabem pintar".

Resposta: b

Solução da Questão nº 193
Considere as seguintes proposições: p : "Todo soldado é forte". q : "Alguns pedreiros não são fortes".

1.	$\forall x(S(x) \rightarrow F(x))$	Premissa
2.	$\exists x(P(x) \wedge (\sim F(x)))$	Premissa

Logo, $\exists x(P(x) \wedge (\sim S(x)))$

Supondo que p e q são verdadeiras, qual das seguintes alternativas está correta?

a) "Algum pedreiro não é soldado".

Resposta: a

Solução da Questão nº 194
Sabendo-se que todo A é B e que existe algum C que é A, pode-se afirmar que:

$\forall x(A(x) \rightarrow B(x))$	Premissa
$\exists x(C(x) \wedge A(x))$	Premissa

Logo, $\exists x(C(x) \wedge B(x))$

b) existe pelo menos um C que é B.

Resposta: b

Solução da Questão nº 195

Se "Alguns profissionais são administradores" e "Todos os administradores são pessoas competentes", então, necessariamente, com as proposições apresentadas, pode-se inferir que:

$\exists x(P(x) \wedge A(x))$ Premissa
$\forall x(A(x) \rightarrow C(x))$ Premissa
Logo, $\exists x(P(x) \wedge C(x))$

a) "Algum profissional é uma pessoa competente".

Resposta: a

Solução da Questão nº 196

Todos os primogênitos da família Bragança têm olhos verdes. Eduardo tem olhos castanhos.

1. $\forall x[((P(x) \wedge B(x)) \rightarrow Ov(x))]$ Premissa
2. $\sim Ov(e)$
3. $[((P(e) \wedge B(e)) \rightarrow Ov(e))]$ De 1 e eliminação do $\forall$
4. $\sim((P(e) \wedge B(e))$ De 2 e 3
5. $(B(e) \rightarrow (\sim P(e))$ De 4

Então, pode-se afirmar que

e) Se Eduardo pertence à família Bragança, então não é primogênito.

Resposta: e

Solução da Questão nº 197

Toda criança é feliz. Todas as pessoas que usam óculos são infelizes. Logo,

$\forall x(C(x) \rightarrow F(x))$ Premissa
$\forall x(O(x) \rightarrow \sim F(x))$ Premissa
Logo, $\forall x(C(x) \rightarrow \sim O(x))$

c) todas as crianças não usam óculos.

Resposta: c

Solução da Questão nº 198

Considere as proposições "Todos os cães são mamíferos" e "Alguns cães mordem". Então, conclui-se que:

$\forall x(C(x) \rightarrow Ma(x))$ Premissa
$\exists x(C(x) \wedge Mo(x))$ Premissa
Logo, $\exists x(Ma(x) \wedge Mo(x))$

c) Alguns mamíferos mordem

Resposta: c

Solução da Questão nº 199

São verdadeiras as seguintes afirmações:

I. Todos os mô são bô.

II. Todos os rê são bô.

III. Alguns rê funcionam.

1. $\forall x(M(x) \rightarrow B(x))$ Premissa
2. . $\forall x(R(x) \rightarrow B(x))$ Premissa
3. $\exists x(R(x) \wedge F(x))$ Premissa

Logo, $\exists x(B(x) \wedge F(x))$

e) Alguns bô funcionam.

Resposta: e

Solução da Questão nº 200

Considere as seguintes proposições:

I. Todo artista é simpático.

II. Todo político não é simpático.

1. $\forall x(A(x) \rightarrow S(x))$ Premissa.
2. $\forall x(P(x) \rightarrow \sim S(x))$ Premissa.
3. $\forall x(S(x) \rightarrow \sim P(x))$ De 2
4. $\forall x(A(x) \rightarrow \sim P(x))$ De 1 e 3
5. $\sim \exists x(A(x) \wedge P(x))$ De 4

d) Nenhum artista é político.

Resposta: d

Solução da Questão nº 201

São verdadeiras as seguintes informações:

I. Todos os calouros são humanos.

II. Todos os estudantes são humanos.

III. Alguns estudantes pensam.

1. $\forall x(C(x) \rightarrow H(x))$ Premissa.
2. $\forall x(E(x) \rightarrow H(x))$ Premissa.
3. $\exists x(E(x) \wedge P(x))$ Premissa

Logo, $\exists x(H(x) \wedge P(x))$

a) "Alguns humanos pensam."

Resposta: a

Solução da Questão nº 202

Convenções:

C(x): x é convidado.

M(x): x é do sexo masculino.

T(x): x foi à festa.

F(x): x é do sexo feminino.

Simbolização:

$\forall x\ ((C(x) \wedge M(x)) \rightarrow T(x)) \wedge \exists x(\ C(x) \wedge F(x) \wedge \sim T(x))$ será falsa se e somente se

For verdadeira:

$$\sim[\ \forall x\ ((C(x) \wedge M(x)) \rightarrow T(x)) \wedge \exists x(\ C(x) \wedge F(x) \wedge \sim T(x))\ ]$$

que é equivalente a:

$$\sim\forall x\ ((C(x) \wedge M(x)) \rightarrow T(x)) \ \vee \sim \exists x(\ C(x) \wedge F(x) \wedge \sim T(x))$$

que é equivalente a:

$$\exists x\ (C(x) \wedge M(x)) \wedge \sim T(x)) \vee \forall x(\ C(x) \wedge F(x) \rightarrow T(x))$$

ou seja:

Algum convidado do sexo masculino não foi à festa, ou todas as convidadas foram

Resposta: d

Solução da Questão nº 203

Convenção:

P: João ter ido ao cinema.

Q: João foi ao teatro.

R: Guilherme considera João um amante das artes.

S: Guilherme considera João um bom vivant.

Simbolizando:

$$(P \vee Q) \rightarrow (R \wedge S)$$

Observe que:

$$(P \vee Q) \rightarrow (R \wedge S) \text{ é equivalente a } (\sim(R \wedge S)) \rightarrow \sim(P \vee Q)$$

e

~(P∨Q)) é equivalente a (~P) ∧ (~Q)

Resposta: e

Solução da Questão nº 204

A proposição lógica (~p)→q é falsa quando o antecedente ~p é verdadeiro e o consequente q é falso. Daí segue-se que em tal circunstância p é falso e q é falso.

Daí, segue-se que a opção correta é a letra c).

Resposta: c

Solução da Questão nº 205

Convenções:

p: O carro é prata.

q: O carro é de João.

r: O carro é de Maria

Simbolizando a implicação:

Se o carro não é prata, então o carro é de João ou é de Maria.

Temos:

(~p) → (q ∨ r)

Cuja contraposição é:

[~(q ∨ r)] → ~ (~p)

Que é equivalente a:

[(q ∨ r)] ∨ (p)

Ou seja:

a) O carro é de João ou é de Maria, ou o carro é prata.

Resposta: a

Solução da Questão nº 206

Como (p*q) ↔(q*p) não é uma tautologia, segue-se que * não é nenhum dos seguintes conectivos: (∧, ∨ , ↔), visto que:

(p∧q) ↔(q∧p) , (p∨q) ↔(q∨p) e (p↔q) ↔(q↔p) são tautologias.

Logo, * é o conectivo →

E assim , lógica p*q será falsa, se e somente se (p→q) for falsa.

E (p→q) é falsa quando p é verdadeira e q é falsa.

Portanto, a proposição lógica p*q é falsa se, e somente se, for verdadeira a proposição

$$p \wedge (\sim q)$$

Resposta: b

Solução da Questão nº 207
Como E(p,q) → ~F(p,q)), segue-se que E(p,q) é sempre verdadeira e ~F(p,q) é sempre falsa. Daí F(p,q) é sempre verdadeira.

Assim, a opção correta é :

a) E(p,q) ∧ F(p,q)

Resposta: a

Solução da Questão nº 208
Os argumentos dos itens a), b), d) e e) não são válidos.

Simbolizando:

Premissa: 3<0

Premissa: ∀x(x<0 → x é par)

Conclusão: Logo, 3 é par

O argumento acima é válido, visto que, admitindo-se que suas premissas sejam ambas verdadeiras, concluímos que sua conclusão é verdadeira; embora o valor-de-verdade da sentença **3 é par** seja falso.

Resposta: c

Solução da Questão nº 209
No conjunto U={0,1}, considere as operações + e x definidas por:

+	0	1
0	0	1
1	1	1

x	0	1
0	0	0
1	0	1

Então, ∃x∈U, ∃y∈U, tais que:

a) x+(y+z) ≠ (x+y)+z
b) x+(yxz) ≠ (x+y) x (x+z)
c) x x (y+z) ≠ (x x y) + (x x z)
d) (x+x) x (y+z) ≠ x + (y+z)
e) (x+y+z) x (x+y+z) ≠ (x+y+z)

Resposta: d

Solução da Questão nº 210

Um argumento tem suas premissas dadas a seguir:

- Todos os advogados usam terno.
- Alguns matemáticos são advogados.
- Todos os matemáticos trabalham com a lógica.
- Uma conclusão que completa tal argumento e o torna válido é:

a) Alguns que trabalham com a lógica usam terno.

Resposta: a

Solução da Questão nº 211

Em um jogo de quebra-cuca, João precisa falar uma proposição que necessariamente não tenha valor lógico V (de verdade).

João cumprirá o objetivo da brincadeira se falar a seguinte proposição:

e)Toda proposição que falo é falsa.

Resposta: e

Solução da Questão nº 212

Considere que o "dia X" foi um dia que não foi sábado nem domingo. Sobre o dia X, são feitas quatro proposições, conforme a seguir:

1) O dia X não foi uma quarta-feira ou não foi uma quinta-feira.
2) O dia X foi segunda-feira ou foi quarta-feira.
3) O dia X foi quinta-feira ou foi sexta-feira.
4) O dia X foi terça-feira ou foi quinta-feira.

Seja n o número de proposições verdadeiras dentre aquelas dadas acima. Sabe-se que n≠2.

Sabe-se que o dia Y foi o dia seguinte ao dia X.

Trocando-se dia X por dia Y nas proposições 1, 2, 3 e 4, tem-se que os seus valores lógicos (V se verdadeiro; F se falso) são respectivamente:

b)V F V F

Resposta: b

Solução da Questão nº 213

p	q	p∧q	p∨q	E(p,q)	F(p,q)
V	V	V	V	F	
V	F	F	V	F	
F	V	F	V	F	
F	F	F	F	F	

Sabe-se que, ao final do preenchimento desta tabela-verdade, o número de valores lógicos V (de verdade) presentes foi igual ao número de valores lógicos F (de falso).

Na tabela acima temos 8 Vs e 12 Fs. Então a coluna de F(p,q) teve conter 4 Vs.

p	q	p∧q	p∨q	E(p,q)	F(p,q)
V	V	V	V	F	V
V	F	F	V	F	V
F	V	F	V	F	V
F	F	F	F	F	V

Logo, E(p,q) será uma contradição se, e somente se, for uma tautologia a proposição:

$$(\sim E(p,q)) \wedge F(p,q)$$

Resposta: d

Solução da Questão nº 214

Vamos simbolizar a afirmação abaixo:

Existe um estado brasileiro no qual não há município algum em que todas as empresas de ônibus possuam todos os ônibus sem ar-condicionado.

Convenção:

EB(x): x é estado brasileiro
M(y, x): y é município de x
EO(z, y): z é empresa de ônibus de y

O(w): w é ônibus
AC(w): w tem ar-condicionado.

$$\exists x[EB(x) \wedge \sim \exists y(M(y,x) \wedge \forall z(EO(z,y) \rightarrow \forall w(O(w) \rightarrow \sim AC(w))))]$$

A afirmação de João será falsa se, e somente se, em

$\sim \exists x[EB(x) \wedge \sim \exists y(M(y,x) \wedge \forall z(EO(z,y) \rightarrow \forall w(O(w) \rightarrow \sim AC(w))))]$ for verdadeira.

Isto é:

$\forall x[EB(x) \rightarrow\ ) \wedge \exists y(M(y,x) \wedge \forall z(EO(z,y) \rightarrow \forall w(O(w) \rightarrow \sim AC(w))))]$ for verdadeira.

Ou seja:

Resposta: c

Solução da Questão nº 215

Observe que fazendo a distributividade do conectivo "$\wedge$" sobre o conectivo "$\vee$" na proposição

$$(q \vee (r \vee \sim s)) \wedge (\sim q)$$

Obtemos:

$$(q \wedge (\sim q)) \ \vee \ [(r \vee (\sim s)) \wedge (\sim q))]$$

Como $(q \wedge (\sim q))$ é uma contradição, a proposição acima é equivalente a:

$$[(r \vee (\sim s)) \wedge (\sim q)].$$

Fazendo agora fazendo a distributividade do conectivo "$\wedge$" sobre o conectivo "$\vee$" na proposição acima obtemos:

$$[(r \wedge (\sim q)] \vee [(\sim s) \wedge (\sim q)].$$

- Cabe lembrar que o enunciado da questão é:

A proposição P é falsa se, e somente se ....

Assim,

Para que a disjunção $[(r \wedge (\sim q)] \vee [(\sim s) \wedge (\sim q)]$.

seja falsa é necessário que suas duas componentes sejam falsas. Ou em outras palavras que a negação de cada uma das componentes seja verdadeira. Ou seja:

- $(r \wedge (\sim q)$ será falsa se e somente se $\sim(r \wedge (\sim q))$ for verdadeira. Isto é: $((\sim r) \vee q)$ for verdadeira;
- $[(\sim s) \wedge (\sim q)]$ será falsa se e somente se $\sim[(\sim s) \wedge (\sim q)]$ for verdadeira. Isto é: $(s \vee q)$ for verdadeira

Logo,

a proposição P será falsa

se e somente se

$((\sim r) \vee q) \wedge (s \vee q)$ for verdadeira.

Note que:

$$((\sim r) \vee q) \wedge (s \vee q)$$

é equivalente a

$$(q \vee (\sim r)) \wedge (q \vee s)$$

Resposta: b

Solução da Questão nº 216

Em uma implicação $p \rightarrow q$ sabemos que o antecedente p é uma condição suficiente para o consequente q, e o consequente q é uma condição necessária para o mantecedente p.

Como "ter sobrenome Silva" e "não morar em Rondônia" são suficientes para a pessoa ser minha parente, então temos a seguinte implicação:

Se tem sobrenome Silva e não mora em Rondônia, então é minha parente.

Imagine uma pessoa que tem sobrenome Silva e não é minha parente. No caso desta pessoa, o trecho "tem sobrenome Silva" é V e o trecho "é minha parente" é F. Nestas condições, repare que caso "não mora em Rondônia" seja V, ficaríamos com uma condicional (V e V)→F, que é FALSA! Logo, é NECESSÁRIO que o trecho "não mora em Rondônia" seja F, ou seja, a pessoa mora em Rondônia.

Assim, podemos afirmar que "morar em Rondônia" é uma condição necessária para que uma pessoa que tem sobrenome Silva não seja minha parente.

Resposta: a

Solução da Questão nº 217

São dois carros e duas motos, sendo dois veículos verdes e dois brancos.

Segundo a afirmação III os carros de Ana e Carlos é que são brancos, os de Zaia e Daniel são verdes.

Segundo a afirmação II, o veículo de Zaia só seria carro se fosse branco. Como ele é verde, então o veículo dela é uma **moto verde**.

Segundo a afirmação I, se Carlos tivesse moto, ela seria verde. Como o veículo dele é branco, ele não pode ter uma moto, e assim sendo ele tem um **carro branco.**

O outro veículo branco é de Ana. Assim, Ana tem a **moto branca**. Consequentemente, se um veículo não é carro e nem é verde, ele deve ser de Ana. Logo, Ana tem uma **moto branca.**

Resposta: a

Solução da Questão nº 218

Convenção:

p: há pelo menos um objeto que eu quero comprar

q: há pelo menos um objeto que eu não quero comprar

A negação de $(p \wedge q)$ é equivalente a $(\sim p \wedge \sim q)$,

onde:

~p: não há objeto que eu quero comprar

~q: não há objeto que eu não quero comprar . Em outras palavras: Eu quero comprar todos os objetos.

Assim, a alternativa correta é a letra b)

"Não há objeto que eu quero comprar ou não há objeto que eu não quero comprar"

Em outras palavras:

"Eu não quero comprar objeto algum ou eu quero comprar todos os objetos".

Resposta: b

Solução da Questão nº 219

Para uma implicação ser falsa, é necessário que seu antecedente seja verdadeiro e seu consequente seja falso. Se:

se $x \geq 2$, então $y < 3$

é *falsa*

sua negação

$x \geq 2$ e $y \geq 3$

é verdadeira.

De maneira análoga, se:

se $y \leq 3$, então $2x + y > 7$.

é *falsa*

sua negação

$$y \leq 3 \text{ e } 2x + y \leq 7$$

é verdadeira

Como $y \geq 3$ é verdadeiro e $y \leq 3$ também é verdadeiro, segue-se que: $y = 3$.

Desta forma, substituindo-se y por 3 na expressão $2x + y \leq 7$, obtemos:

$$2x + 3 \leq 7$$

$$2x \leq 4$$

$$x \leq 2$$

Veja que tanto $x \geq 2$ como $x \leq 2$ são verdadeiras, de modo que x só pode ser 2.

Tendo $x = 2$ e $y = 3$, concluímos que a alternativa correta é a do item c) , pois:

se $y > x$, então $x + y < 5$

é falsa quando x é 2 e y é 3

Resposta: c

Solução da Questão nº 220

Observe que a afirmação III é negação de I, portanto uma é V e a outra é F (embora não saibamos quais). Observe, também, que a afirmação IV é negação de II, de modo que uma é V e a outra é F (embora não saibamos quais).

Até aqui temos 2 Vs e 2 Fs.

Como temos 3 informações falsas ao todo, isso significa que a afirmação V. só pode ser falsa.

Se

João tem, no máximo, 18 anos, ou sua mala não é preta.

é falsa então sua negação é verdadeira. E sua negação é:

João tem mais de 18 anos e sua mala é preta.

Assim, podemos concluir que:

"João tem mais de 18 anos e sua mala NÃO É CINZA".

Resposta: e

Solução da Questão nº 221

Convenção

p: Algum amigo foi para Teresópolis.

q: Maria está realizada.

Simbolização: $(\sim p \rightarrow \sim q)$

Que é equivalente a:

$$(q \rightarrow p).$$

Ou seja:

Se Maria está realizada, então algum amigo foi para Teresópolis.

Numa implicação o antecedente é condição suficiente para o consequente. Logo, Maria está realizada é uma condição suficiente para que algum amigo tenha ido para Teresópolis.

Resposta: b

Solução da Questão nº 222

Dada a proposição

$$\forall k \in \mathbb{R}, \exists c \in \mathbb{R}, \text{ para o qual } x^2 + c > k, \forall x \in \mathbb{R}$$

um estudante encontraria um exemplo de que tal proposição é falsa se, e somente se, ele mostrasse que sua negação é verdadeira. Assim:

$$\sim \forall k \in \mathbb{R}, \exists c \in \mathbb{R}, \text{ para o qual } x^2 + c > k, \forall x \in \mathbb{R}$$

Que é equivalente a:

$$\exists k \in \mathbb{R}, \text{ tal que } \forall c \in \mathbb{R} \text{ para o qual } x^2 + c \leq k, \exists x \in \mathbb{R}.$$

Resposta: e

Solução da Questão nº 223

A afirmação de João é a disjunção $((\sim p) \vee (\sim q))$, segundo a seguinte convenção:

p: João havia ido ao estádio

q: João havia ido ao teatro

João terá mentido se e somente se $\sim((\sim p) \vee (\sim q))$, for verdadeira.

Como $\sim((\sim p) \vee (\sim q))$, é equivalente a $(p \wedge q)$, segue-se que a reposta certa é a letra a)

Resposta: a

Capítulo 11
6º Grupo de Questões

Questão nº 224 (ANPAD/2007) Cada uma das três amigas Ana, Bia e Carla, gosta de apenas uma das seguintes frutas: maçã, banana e pera, não necessariamente nessa ordem. Ana gosta de pera, Bia não gosta de pera e Carla não gosta de banana. Se apenas uma dessas três afirmações for verdadeira e se cada uma das três amigas gosta de uma fruta diferente, então as frutas de que Ana, Bia e Carla gostam são, respectivamente,

a) banana, pera e maçã.
b) pera, maçã e banana.
c) maçã, banana e pera.
d) pera, banana e maçã.
e) banana, maçã e pera.

Questão nº 225 (ANPAD/2007) Cinco amigos, Abel, Deise, Edgar, Fábio e Glória, foram lanchar e um deles resolveu sair sem pagar. O garçom percebeu o fato, correu atrás dos amigos que saíam do restaurante e chamou-os para prestarem esclarecimentos. Pressionados, informaram o seguinte:

- "Não fui eu nem o Edgar", disse Abel.
- "Foi o Edgar ou a Deise", disse Fábio.
- "Foi a Glória", disse Edgar.
- "O Fábio está mentindo", disse Glória.
- "Foi a Glória ou o Abel", disse Deise.

Considerando que apenas um dos cinco amigos mentiu, pode-se concluir que quem resolveu sair sem pagar foi

a) Abel
b) Deise
c) Edgar
d) Fábio
e) Glória

Questão nº 226 (ANPAD/2005) Em uma empresa, trabalham Paulo, Sérgio e João, que são, não necessariamente nesta ordem, administrador, contador e advogado. A respeito deles, podem-se fazer as seguintes afirmações:

I. Paulo é administrador;
II. Sérgio não é administrador;

III. João não é advogado.

Considerando-se que somente uma das afirmações acima é verdadeira, conclui-se que o contador e o administrador se chamam, respectivamente,

a) Paulo e Sérgio
b) Sérgio e João
c) João e Sérgio
d) Paulo e João
e) João e Paulo.

Questão nº 227 (ANPAD/2005) Sobre três funcionários de uma empresa, Alceu, Beto e Carlos, sabe-se que cada um tem somente uma das seguintes qualidades: um é honesto, outro é pontual e o outro é competente – mas essa não é necessariamente a ordem de atribuição respectiva dessas qualidades. Sabe-se, ainda, que apenas uma das afirmações abaixo é verdadeira:

I. Alceu é honesto.
II. Beto não é honesto.
III. Carlos não é pontual

Qual das seguintes alternativas apresenta uma afirmação correta de acordo com as premissas apresentadas acima?

a) Alceu é pontual, Beto é honesto e Carlos é competente.
b) Alceu é pontual, Beto é competente e Carlos é honesto.
c) Alceu é honesto, Beto é competente e Carlos é pontual.
d) Alceu é competente, Beto é pontual e Carlos é honesto.
e) Alceu é competente, Beto é honesto e Carlos é pontual.

Questão nº 228 (ANPAD/2005) No momento de recreação em uma empresa, o chefe colocou o seguinte problema: Pedro, João José, Tião e César estavam na cozinha quando um deles quebrou uma das xícaras. A cozinheira chegou no momento em que eles juntavam os cacos e perguntou quem havia quebrado a xícara. Ela obteve as seguintes respostas:

I. "Foi José", disse Pedro.
II. "Fui eu", disse João.
III. "Fui eu", disse José.
IV. "Foi o João ou o José", disse Tião.
V. "Foi o Tião", disse César.

Sabe-se que todos os cinco homens sabiam exatamente quem era o culpado, mas que somente um deles disse a verdade. Qual das seguintes alternativas apresenta o nome de quem quebrou a xícara?

a) César
b) João

c) José
d) Pedro
e) Tião.

Questão nº 229 (ANPAD/2004) Valdir e Márcio pertencem a um grupo de pessoas no qual há dois tipos de indivíduos: aqueles que somente mentem e aqueles que somente falam a verdade. Valdir e Márcio fazem as seguintes afirmações:

- "Márcio é mentiroso", disse Valdir.
- "Valdir e eu somos do mesmo tipo de indivíduos" Disse Márcio.

Logo, pode-se afirmar com certeza que

a) Valdir fala a verdade e não se pode determinar se Márcio fala a verdade.
b) Valdir e Márcio falam a verdade.
c) Valdir mente e Márcio fala a verdade.
d) Valdir fala a verdade e Márcio mente.
e) Valdir e Márcio mentem.

Questão nº 230 (ANPAD/2004) Em uma empresa de equipamentos eletrônicos, trabalham quatro funcionários – Paulo, Cláudio, Teresa e Vilmar – subalternos a um gerente. O gerente sabe que exatamente um deles ligou um aparelho em tomada de voltagem errada, danificando-o. Colocados frente a frente em uma sala, o gerente perguntou a todos quem tinha feito a ligação. Paulo respondeu que havia sido o Cláudio ou o Vilmar. Cláudio declarou que tinha sido a Teresa. Teresa disse que não fez a ligação. Vilmar declarou que Teresa mentiu. Sabendo que apenas um dos quatro funcionários falou a verdade, podemos concluir que quem falou a verdade e quem fez a ligação em voltagem errada foram, respectivamente,

a) Teresa e Cláudio
b) Teresa e Paulo
c) Teresa e Vilmar
d) Cláudio e Teresa
e) Paulo e Cláudio

Questão nº 231 (ANPAD/2004) Dois brasões foram escondidos em uma ou duas de quatro caixas opacas A, B, C e D. Cada caixa apresenta uma afirmação na tampa conforme especificado abaixo. Sabe-se que apenas uma das quatro afirmações é verdadeira e que cada caixa pode conter até dois brasões, exceto a caixa D, na qual somente cabe um brasão.

- Caixa A: há exatamente um brasão nesta caixa.
- Caixa B: não há brasão nesta caixa.
- Caixa C: os dois brasões estão na caixa A.
- Caixa D: os dois brasões estão na caixa C.

A alternativa a seguir que melhor satisfaz as condições apresentadas é

a) um brasão está na caixa B e o outro na caixa D.
b) um brasão está na caixa D e o outro na caixa A.
c) os dois brasões estão na caixa B.
d) um brasão está na caixa A e o outro na caixa B.
e) os dois brasões estão na caixa A.

Questão nº 232 (ANPAD/2004) Numa brincadeira de carnaval, um casal travestiu-se e foi para a folia. Após a brincadeira, fez as seguintes declarações:

I. Sou homem, disse a pessoa de sapatos pretos e peruca loura.
II. Sou mulher, disse a pessoa de sapatos brancos e peruca preta.

Se pelo menos um deles está mentindo, pode-se afirmar que

a) o homem é a pessoa de sapatos brancos e peruca preta e a mulher é a pessoa de sapatos pretos e peruca loura.
b) o homem é a pessoa de sapatos pretos e peruca loura e a mulher é a pessoa de sapatos brancos e peruca preta.
c) o homem é a pessoa de sapatos brancos e peruca loura e a mulher é a pessoa de sapatos pretos e peruca preta.
d) o homem é a pessoa de sapatos pretos e peruca preta e a mulher é a pessoa de sapatos brancos e peruca loura.
e) não é possível concluir uma resposta de forma lógica.

Questão nº 233 (ANPAD/2004) Três colegas – João, Paulo e Pedro – estão em uma fila esperando para serem atendidos. João sempre fala a verdade, Paulo nem sempre e Pedro sempre mente. O que está na frente diz "João é quem está entre nós". O que está no meio afirma "eu sou o Paulo". Finalmente, o que está atrás informa "Pedro é quem está entre nós". O primeiro, o segundo e o terceiro na fila são, respectivamente,

a) João, Paulo e Pedro.
b) João, Pedro e Paulo.
c) Paulo, Pedro e João.
d) Paulo, João e Pedro.
e) Pedro, Paulo e João.

Questão nº 234 (ANPAD/2009) Três rapazes são levados à presença de um jovem lógico. Sabe-se que João sempre diz a verdade, que Pedro tem o estranho costume de sempre mentir e de jamais dizer a verdade e que Fábio ora mente, ora diz a verdade. O problema é que não se sabem quem é quem entre eles. Esses três rapazes fazem as seguintes declarações:

O primeiro diz: "Eu sou o Fábio". O segundo diz: "É verdade, ele é o Fábio". O terceiro diz: "Eu sou o Fábio".

Com base nessas informações, o jovem lógico pode, então, concluir corretamente que

a) Fábio é o primeiro e João o segundo.
b) Fábio é o primeiro e João é o terceiro.
c) João é o primeiro e Fábio é o segundo.
d) Pedro é o primeiro e Fábio é o segundo.
e) Pedro é o primeiro e Fábio é o terceiro.

Questão nº 235 (ANPAD/2009) O professor de Lógica observou que, de um grupo de cinco amigos, um não havia respondido à chamada. Assim, aproveitou a situação e, baseado nas afirmações abaixo, solicitou à turma que descobrisse essa pessoa, sabendo-se que apenas um rapaz faltou com a verdade.

I. "O Bento respondeu", diz Alberto.
II. "O Alberto não respondeu", diz Dagoberto.
III. "O Éder respondeu", diz Carlos.
IV. "O Carlos não tem razão", diz Éder.
V. "O Alberto diz a verdade", diz Bento.

Nessas condições, quem não respondeu à chamada foi

a) Alberto
b) Bento
c) Carlos
d) Dagoberto
e) Éder

Questão nº 236 (ANPAD/2010) Pedro, Rafael e Sílvio são filhos de Marta, Nádia e Olga, não necessariamente nessa ordem. Perguntados sobre os nomes das respectivas mães, os três fizeram as seguintes declarações:

Sílvio: "Rafael é filho de Marta."

Pedro: "Sílvio está mentindo, pois a mãe de Rafael é Nádia." Rafael: "Sílvio e Pedro estão mentindo, pois a minha mãe é Olga."

Sabendo-se que o filho de Olga mentiu e que o filho de Marta disse a verdade, segue-se que as mães de Pedro, Rafael e Sílvio são, respectivamente,

a) Olga, Nádia e Marta.
b) Olga, Marta e Nádia.
c) Nádia, Olga e Marta.
d) Marta, Olga e Nádia.

e) Marta, Nádia e Olga.

Questão nº 237 (ANPAD/2011) A logomarca de uma empresa é composta por três partes, para cada uma das quais a diretoria decidiu utilizar as cores verde, amarela ou branca. Além de se saber que não se pode repetir cores e que essas partes são superior, esquerda e direita, também se sabe que apenas uma das afirmações a seguir é verdadeira.

I. A parte superior é verde.
II. A parte esquerda não é verde.
III. A parte direita não é amarela.

Então, as cores das partes superior, esquerda e direita são, respectivamente,

a) amarela, branca e verde.
b) amarela, verde e branca.
c) branca, verde e amarela.
d) branca, amarela e verde.
e) verde, amarela e branca.

Questão nº 238 (ANPAD/2011) Tenho três canetas em três diferentes embalagens, uma azul, uma preta e uma amarela, que têm tintas nas cores azul, preta e vermelha, não necessariamente nessa ordem. Sejam dadas as seguintes informações:

I. A caneta da embalagem azul tem tinta vermelha. II. A caneta da embalagem preta não tem tinta vermelha. III. A caneta da embalagem amarela não tem tinta preta.

Sabendo-se que apenas uma das informações acima é verdadeira, pode-se concluir que as canetas das embalagens azul, preta e amarela têm, respectivamente, as tintas

a) azul, vermelha e preta
b) azul, preta e vermelha
c) preta, azul e vermelha
d) preta, vermelha e azul
e) vermelha, preta e azul

Questão nº 239 (ANPAD/2012) Se existe apenas um culpado, qual das alternativas a seguir, se verdadeira, será a única verdadeira das apresentadas?

a) A culpada é Bia.
b) A culpada é Celina.
c) A alternativa B é falsa.
d) As alternativas A e B são falsas.
e) As alternativas B e C são falsas.

Questão nº 240 (ANPAD/2012) Ao entrar em uma sala, José se depara com três portas dispostas uma do lado da outra. Cada porta tem um destino: uma é a saída; outra leva à sala de ginástica; e a outra dá acesso à sauna (não necessariamente nesta ordem). Em uma das portas estão escritas inverdades e nas outras, verdades. A que está à extrema esquerda tem escrito: "A porta que está no meio é a saída e a porta à direita dela leva à sala de ginástica". Na porta que está no meio, lê-se: "Esta é a porta que leva à sala de ginástica e a da direita é a saída. Na porta da direita, encontra-se: "A porta do meio leva à sala de ginástica e a porta da extrema esquerda dá acesso à sauna". Logo, a porta da esquerda, do meio e da direita levam, respectivamente, para

a) a sauna, a saída e a sala de ginástica.
b) a sauna, a sala de ginástica e a saída.
c) a sala de ginástica, a saída e a sauna.
d) a sala de ginástica, a sauna e a saída.
e) a saída, a sala de ginástica e a sauna.

Questão nº 241 (ANPAD/2004) Três casas A, B e C, foram pintadas, cada um, com uma das seguintes cores: verde, amarela ou branca, não necessariamente nesta ordem. Sabendo que somente uma das seguintes afirmações é verdadeira:

- A é verde.
- B não é verde.
- C não é amarela.

então, pode-se afirmar que

a) A é amarela, B é branca e C é verde.
b) A é amarela, B é verde e C é branca.
c) A é branca, B é verde e C é amarela.
d) A é branca, B é amarela e C é verde.
e) A é verde, B é amarela e C é branca.

Questão nº 242 (ANPAD/2005) Considerem-se verdadeiras as afirmações I, II e III sobre o resultado da aplicação de uma prova a uma turma de sete alunos: Carlos, Clarissa, Júlia, Paulo, Sérgio, Sílvia e Roberto.

I. Carlos e Sílvia, por estudarem sempre juntos, foram ambos aprovados ou ambos reprovados.
II. Se Júlia foi aprovada, então Sérgio e Paulo também o foram.
III. Foram aprovados exatamente cinco alunos.

Com base nas afirmações acima, assinale a alternativa verdadeira

a) Júlia, Roberto e Carlos foram aprovados.
b) Se Clarissa e Sílvia foram aprovadas, Júlia não foi aprovada.
c) Se Sílvia e Júlia foram aprovadas, Clarissa também o foi.
d) Somente Paulo, Carlos, Sílvia, Roberto e Júlia foram aprovados.

e) Somente Roberto e Carlos foram aprovados.

Questão nº 243 (ANPAD/2009) Sejam P um problema e Q o conjunto dos números racionais. Se apenas uma das alternativas abaixo for verdadeira, então o problema P tem

a) duas soluções, uma em Q e uma em R – Q.
b) duas soluções pertencentes a Q.
c) exatamente uma solução em Q.
d) mais de uma solução.
e) pelo menos uma solução.

Questão nº 244 (ANPAD/2009) Houve, de forma codificada, um vazamento de informações sobre a rentabilidade das ações x_1, x_2 e x_3 no mercado. Cada ação é classificada segundo uma cor, definindo a sua rentabilidade: a verde é a mais rentável; a vermelha é a pior ação; e a azul é a intermediária. Na codificação das informações vazadas, sabe-se que, das três informações abaixo, apenas uma é verdadeira.

I. x_1 é verde.
II. x_2 não é verde.
III. x_3 não é vermelha.

Assim, baseando-se nessa codificação e sabendo-se que as três ações têm rentabilidades distintas, da mais rentável para a menos rentável, têm-se

a) x_1, x_2 e x_3.
b) x_1, x_3 e x_2.
c) x_2, x_3 e x_1.
d) x_2, x_1 e x_3.
e) x_3, x_2 e x_1.

Questão nº 245 (ANPAD/2006) Sejam os enunciados:

I. A cor azul é a mais bonita. II. O enunciado III é verdadeiro. III. Dentre as cores primárias, uma é a mais bonita. IV. As cores amarela e vermelha são as mais bonitas. V. A cor verde não é a mais bonita. VI. Somente uma das afirmações anteriores é falsa.

Sabendo que o enunciado VI é verdadeiro, pode-se concluir que o valor verdade (V, se verdadeiro; F, se falso) dos enunciados I a V é, respectivamente,

a) V, V, V, V, F.
b) V, V, V, F, V.
c) V, V, F, V, V.
d) V, F, V, V, V.
e) F, V, V, V, V.

Questão nº 246 (ANPAD/2008) Quatro habitantes de certa comunidade estão numa fila; dois deles, que sempre mentem, usam peruca, e os outros dois, que não usam peruca, sempre dizem a verdade. Manuel pergunta ao primeiro da fila se ele usa peruca, mas recebe uma resposta que não consegue entender. O segundo da fila, questionado sobre a resposta do primeiro, responde: "Ele disse que não usa peruca". Contudo, o terceiro da fila afirma que o primeiro realmente usa peruca. No que diz respeito ao uso de peruca, uma das possíveis disposições em que as pessoas se encontram na fila, do primeiro ao último, é

a) não usa, usa, não usa, usa.
b) não usa, usa, usa, não usa.
c) não usa, não usa, usa, usa.
d) usa, usa, não usa, não usa.
e) usa, não usa, usa, não usa.

Questão nº 247 (ANPAD/2008) Uma empresa produz três produtos, P1 P2 e P3, cujas demandas são diferentes. Sabe-se que:

I. P1 tem alta demanda, II. P2 não tem alta demanda e III. P3 não tem baixa demanda.

Considerando-se que apenas uma das assertivas acima é verdadeira, pode-se afirmar que as demandas de P1, P2 e P3 são, respectivamente,

a) alta, média e baixa.
b) baixa, alta e média.
c) baixa, média e alta.
d) média, alta e baixa.
e) média e baixa e alta.

Questão nº 248 (ANPAD/2007) Quatro colegas – Juca, Josi, Rosângela e Valter – brincavam em casa quando um deles esbarrou num vaso de flores, que caiu e se quebrou. Quando Maria, a dona da casa, chegou, perguntou o que havia acontecido, e cada um contou sua história. O mordomo, que acompanhou o episódio, falou que: "Se Rosângela disse a verdade, então Josi e Valter mentiram. Por outro lado, se Valter mentiu, Juca falou a verdade. Mas se Juca falou a verdade, então foi o Bidu que derrubou o vaso". Dona Maria tinha certeza de que o cachorro Bidu estava trancado no porão no momento do acidente, logo

a) Valter mentiu, ou Juca disse a verdade.
b) Rosângela e Josi disseram a verdade.
c) Valter e Juca mentiram.
d) Valter e Josi mentiram.
e) Rosângela e Juca mentiram.

Questão nº 249 (FGV – PREF. CONTAGEM – 2011) Considere as proposições simples abaixo, dentre as quais apenas uma é falsa: • A viatura está em uso. • O Guarda Municipal está empenhado. Marque a alternativa abaixo que apresenta uma proposição composta falsa:

(a) A viatura está em uso ou o Guarda Municipal está empenhado.

(b) A viatura não está em uso ou o Guarda Municipal não está empenhado.

(c) A viatura está em uso e o Guarda Municipal está empenhado.

(d) A viatura não está em uso então o Guarda Municipal está empenhado.

Questão nº 250 (MPOG) Sabe-se que João estar feliz é condição necessária para Maria sorrir e condição suficiente para Daniela abraçar Paulo. Sabe-se, também, que Daniela abraçar Paulo é condição necessária e suficiente para Sandra abraçar Sérgio. Assim, quando Sandra não abraça Sérgio:

(a) João está feliz, e Maria não sorri, e Daniela abraça Paulo.

(b) João não está feliz, e Maria sorri, e Daniela não abraça Paulo.

(c) João está feliz, e Maria sorri, e Daniela não abraça Paulo.

(d) João não está feliz, e Maria não sorri, e Daniela não abraça Paulo.

(e) João não está feliz, e Maria sorri, e Daniela Abraça Paulo.

Questão nº 251 (FGV – SUDENE/PE – 2013) Não é verdade que "Se o Brasil não acaba com a saúva então a saúva acaba com o Brasil". Logo, é necessariamente verdade que

a) "O Brasil não acaba com a saúva e a saúva não acaba com o Brasil."

b) "O Brasil acaba com a saúva e a saúva não acaba com o Brasil."

c) "O Brasil acaba com a saúva e a saúva acaba com o Brasil."

d) "O Brasil não acaba com a saúva ou a saúva não acaba com o Brasil."

e) "O Brasil não acaba com a saúva ou a saúva acaba com o Brasil."

Questão nº 252 (FGV – FUNDAÇÃO PRÓ-SANGUE/SP – 2013) Assinale a alternativa que apresenta a sentença logicamente equivalente a "Se você tem menos de 16 anos ou tem menos de 50 kg, então você não pode doar sangue."

a) Se você não tem 16 anos e não tem menos de 50 kg, então você pode doar sangue.

b) Se você não pode doar sangue, então você tem menos de 16 anos ou menos de 50 kg.

c) Se você pode doar sangue, então você não tem menos de 16 anos e não tem menos de 50 kg.

d) Se você pode doar sangue, então você não tem menos de 16 anos ou não tem menos de 50 kg.

e) Se você tem menos de 16 anos e menos de 50 kg, então você não pode doar sangue.

Questão nº 253 (FGV – ASSEMBLEIA LEGISLATIVA/MA – 2013) Considere a sentença: "Se o projeto de lei A é aprovado então o presidente da comissão se fortalece ou não renuncia." A negação lógica dessa sentença é

a) O projeto de lei A é aprovado e o presidente da comissão não se fortalece e renuncia.
b) Se o projeto de lei A não é aprovado então o presidente da comissão não se fortalece e não renuncia.
c) Se o projeto de lei A não é aprovado então o presidente da comissão não se fortalece ou renuncia.
d) Se o presidente da comissão não se fortalece ou renuncia então o projeto de lei A não é aprovado.
e) O projeto de lei A não é aprovado ou o presidente da comissão e fortalece ou não renuncia.

Questão nº 254 (FGV – SEJAP/MA – 2013) Manoel e Francisco trabalham juntos em uma empresa. Toda semana, há uma reunião social de confraternização entre os funcionários da empresa à qual nem sempre um dos dois comparece. Entretanto, é sempre verdade que: "Se Manoel comparece à reunião então Francisco não comparece." Esta afirmação é equivalente a

a) Se Francisco comparece à reunião então Manoel não comparece.

b) Manoel não comparece à reunião ou Francisco comparece.

c) Se Manoel não comparece à reunião então Francisco comparece.

d) Manoel comparece à reunião e Francisco não comparece.

e) Se Francisco não comparece à reunião então Manoel comparece.

Questão nº 255 Sejam as declarações: Se o governo é bom, então não há desemprego. Se não há desemprego, então não há inflação. Ora, se há inflação podemos concluir que:

a) A inflação não afeta o desemprego.

b) Pode haver inflação independente do governo.

c) O governo é bom e há desemprego.

d) O governo é bom e não há desemprego.

e) O governo não é bom e há desemprego.

Questão nº 256 Num concurso para preencher uma vaga para o cargo de gerente administrativo da empresa M, exatamente quatro candidatos obtiveram a nota máxima. São eles: André, Bruno, Célio e Diogo. Para decidir qual deles ocuparia a vaga, os quatro foram submetidos a uma bateria de testes e a algumas entrevistas. Ao término dessa etapa, cada candidato fez as seguintes declarações:

André declarou: Se Diogo não foi selecionado, então Bruno foi selecionado.

Bruno declarou: André foi selecionado ou eu não fui selecionado.

Célio declarou: Se Bruno foi selecionado, então eu não fui selecionado.

Diogo declarou: Se André não foi selecionado, então Célio foi.

Admitindo-se que, das quatro afirmações acima, apenas a declaração de Diogo é falsa, é correto concluir que o candidato selecionado para preencher a vaga de gerente administrativo foi:

a) Célio

b) André

c) Bruno

d) Diogo

Questão nº 257 Ana é prima de Bia, ou Carlos é filho de Pedro. Se Jorge é irmão de Maria, então Breno não é neto de Beto. Se Carlos é filho de Pedro, então Breno é neto de Beto. Ora, Jorge é irmão de Maria. Logo:

a) Carlos é filho de Pedro ou Breno é neto de Beto.

b) Breno é neto de Beto e Ana é prima de Bia.

c) Ana não é prima de Bia e Carlos é filho de Pedro.

d) Jorge é irmão de Maria e Breno é neto de Beto.

e) Ana é prima de Bia e Carlos não é filho de Pedro.

Questão nº 258 André é inocente ou Beto é inocente. Se Beto é inocente, então Caio é culpado. Caio é inocente se, e somente se, Dênis é culpado. Ora, Dênis é culpado. Logo,

a) Cio e Beto são inocentes.

b) André e Caio são inocentes.

c) André e Beto são inocentes.

d) Caio e Dênis são culpados.

e) André e Dênis são culpados.

Questão nº 259 (FCC – Banco do Brasil – 2011) Um jornal publicou a seguinte manchete: "Toda Agência do Banco do Brasil tem déficit de funcionários." Diante de tal inverdade, o jornal se viu obrigado a retratar-se, publicando uma negação de tal manchete. Das sentenças seguintes, aquela que expressaria de maneira correta a negação da manchete publicada é:

a) Qualquer Agência do Banco do Brasil não têm déficit de funcionários.

b) Nenhuma Agência do Banco do Brasil tem déficit de funcionários.

c) Alguma Agência do Banco do Brasil não tem déficit de funcionários.

d) Existem Agências com déficit de funcionários que não pertencem ao Banco do Brasil.

e) O quadro de funcionários do Banco do Brasil está completo.

Questão nº 260 (FCC – TRT/BA – 2013) Devido à proximidade das eleições, foi decidido que os tribunais eleitorais deveriam funcionar, em regime de plantão, durante um determinado domingo do ano. Em relação a esse plantão, foi divulgada a seguinte orientação: "Se todos os processos forem analisados até às 11 horas, então o plantão será finalizado nesse horário." Considere que a orientação foi cumprida e que o plantão só foi finalizado às 18 horas. Então, pode-se concluir que, necessariamente,

a) nenhum processo foi analisado até às 11 horas.

b) todos os processos foram analisados até às 11 horas.

c) pelo menos um processo terminou de ser analisado às 18 horas.

d) todos os processos foram analisados até às 18 horas.

e) pelo menos um processo não foi analisado até às 11 horas.

Questão nº 261 (FCC – TRT/11a – 2012) Uma senhora afirmou que todos os novelos de lã guardados numa gaveta são coloridos e nenhum deles foi usado. Mais tarde, ela percebeu que havia se enganado em relação à sua afirmação, o que permite concluir que:

a) existem novelos de lã brancos na gaveta e eles já foram usados.

b) pelo menos um novelo de lã da gaveta não é colorido ou algum deles foi usado.

c) pelo menos um novelo de lã da gaveta não é colorido ou todos eles foram usados.

d) os novelos de lã da gaveta não são coloridos e já foram usados.

e) os novelos de lã da gaveta não são coloridos e algum deles já foi usado.

Questão nº 262 (VUNESP – POLÍCIA CIVIL/SP – 2013) Todas as primas de Fernanda são ruivas. É correto concluir, apenas por meio dessa afirmação, que:

a) se Laura não é ruiva, então ela não é prima da Fernanda.

b) Fernanda é ruiva.

c) Fernanda não é ruiva.

d) se Gabriela é ruiva, então ela não é prima de Fernanda.

e) Se Paula é ruiva, então ela é prima da Fernanda.

Questão nº 263 (FGV – TJ/AM – 2013) José afirmou: "- Todos os jogadores de futebol que não são ricos jogam no Brasil ou jogam mal." Assinale a alternativa que indica a sentença que representa a negação do que José afirmou.

a) Nenhum jogador de futebol que não é rico joga no Brasil ou joga mal.

b) Todos os jogadores de futebol que não são ricos não jogam no Brasil e não jogam mal.

c) Algum jogador de futebol que não é rico não joga no Brasil e não joga mal.

d) Algum jogador de futebol é rico mas joga no Brasil ou joga mal.

e) Nenhum jogador de futebol que é rico joga no Brasil ou joga mal.

Questão nº 264 (FGV – SUDENE/PE – 2013) Supondo que a afirmativa "Todos os estados do Nordeste sofrem com a seca ou com o excesso de chuvas" seja falsa, analise as afirmativas a seguir.

I. "Nenhum estado do Nordeste sofre com a seca ou com o excesso de chuvas". II. "Algum estado do Nordeste não sofre com a seca".

III. "Algum estado do Nordeste sofre com o excesso de chuvas".

Assinale:

a) se somente a afirmativa I for obrigatoriamente verdadeira.

b) se somente a afirmativa II for obrigatoriamente verdadeira.

c) se somente a afirmativa III for obrigatoriamente verdadeira.

d) se somente as afirmativas I e III forem obrigatoriamente verdadeiras.

e) se somente as afirmativas II e III forem obrigatoriamente verdadeiras.

Questão nº 265 (FGV – ASSEMBLÉIA LEGISLATIVA/MA – 2013) Considere a sentença a seguir. "Qualquer que seja o candidato a uma vaga de consultor legislativo na Assembleia Legislativa do Estado do Maranhão, se ele foi aprovado então estudou muito ou teve sorte". Assinale a alternativa que indica a negação lógica dessa sentença.

a) Qualquer que seja o candidato a uma vaga de consultor legislativo na Assembleia Legislativa do Estado do Maranhão, se ele foi aprovado então não estudou muito nem teve sorte.

b) Nenhum candidato a uma vaga de consultor legislativo na Assembleia Legislativa do Estado do Maranhão foi aprovado e não estudou muito nem teve sorte.

c) Algum candidato a uma vaga de consultor legislativo na Assembleia Legislativa do Estado do Maranhão não foi aprovado ou estudou muito ou teve sorte.

d) Algum candidato a uma vaga de consultor legislativo na Assembleia Legislativa do Estado do Maranhão foi aprovado e não estudou muito nem teve sorte.

e) Nenhum candidato a uma vaga de consultor legislativo na Assembleia Legislativa do Estado do Maranhão não foi aprovado e estudou muito mas não teve sorte.

Questão nº 266 Em um grupo de amigas, todas as meninas loiras são, também, altas e magras, mas nenhuma menina alta e magra tem olhos azuis. Todas as meninas alegres possuem cabelos crespos, e algumas meninas de cabelos crespos tem também olhos azuis. Como nenhuma menina de cabelos crespos é alta e magra, e como neste grupo de amigas não existe nenhuma menina que tenha cabelos crespos, olhos azuis e seja alegre, então:

a) Pelo menos uma menina alegre tem olhos azuis.

b) Pelo menos uma menina loira tem olhos azuis.

c) Todas as meninas que possuem cabelos crespos são loiras.

d) Todas as meninas de cabelos crespos são alegres.

e) Nenhuma menina alegre é loira.

Questão nº 267 (ESAF) Das premissas A:" Nenhum herói é covarde." B:" Alguns soldados são covardes." Pode-se corretamente concluir que:

a) Alguns heróis são soldados.

b) Alguns soldados não são heróis.

c) Nenhum herói é soldado.

d) Alguns soldados são heróis.

e) Nenhum soldado é herói.

Questão nº 268 (FGV) Analise o seguinte argumento: Todas as proteínas são compostos orgânicos; em consequência, todas as enzimas são proteínas, uma vez que todas as enzimas são compostos orgânicos.

a) O argumento é válido, uma vez que suas premissas são verdadeiras, bem como sua conclusão.

b) Argumento válido apesar de conter uma premissa falsa.

c) Mesmo sem saber se as premissas são verdadeiras ou falsas, podemos garantir que o argumento não é válido.

d) NDA

Questão nº 269 (FGV) Alguém afirmou certa feita que Toda pessoa que diz que não bebe não está sendo honesta. Pode-se concluir dessa premissa que:

a) Uma pessoa que diz que bebe está sendo honesta.

b) Uma pessoa está sendo honesta se diz que bebe.

c) Não existem pessoas honestas que dizem que não bebem.

d) NDA

Simbolizando a premissa: $\forall x(\neg B(x) \rightarrow \neg H(x))$ é equivalente a: $\forall x\ \neg(\neg B(x) \wedge H(x))$ é equivalente a: $\neg\exists x(\neg B(x) \wedge H(x))$ Logo a resposta certa é a letra c.

Questão nº 270 Na formatura de Hélcio, todos os que foram à solenidade de colação de grau estiveram, antes, no casamento de Hélio. Como nem todos os amigos de Hélcio tiveram no casamento de Hélio, conclui-se dos amigos de Hélcio:

a) Todos foram à solenidade de colação de grau de Hélcio e alguns não foram ao casamento de Hélio.

b) Pelo menos um não foi à solenidade de colação de grau de Hélcio.

c) Alguns foram à solenidade de colação de grau de Hélcio, mas não foram ao casamento de Hélio.

d) Alguns foram à solenidade de colação de grau de Hélcio e nenhum foi ao casamento de Hélio.

e) Todos foram à solenidade de colação de grau de Hélcio e nenhum foi ao casamento de Hélio.

Capítulo 12

Soluções das Questões do 6º Grupo

Solução da Questão nº 224

Anotemos novamente as três afirmações contidas no enunciado:

- Ana gosta de pera.
- Bia não gosta de pera.
- Carla não gosta de banana.

O enunciado diz que apenas uma das afirmações acima é verdadeira.

Como não sabemos qual das afirmações é a verdadeira, iniciaremos supondo que a primeira afirmação é a verdadeira. Caso não ocorra uma contradição com as demais afirmações, nem com o enunciado da questão (que diz que apenas uma é verdadeira!), teremos encontrado a solução.

1º Caso: Suponha que:

i. Ana gosta de pera. *É Verdadeira*
ii. Bia não gosta de pera. *É Falsa*
iii. Carla não gosta de banana. *É Falsa*

Daí, segue-se que: Ana e Bia gostam de pera. Mas isto contraria o enunciado da questão, visto que cada uma delas gosta de frutas distintas.

Vamos, agora, supor que a segunda afirmação é a verdadeira.

2º Caso: Suponha que:

i. Ana gosta de pera. *É Falsa* ---------------------- Logo, Ana não gosta de pera.
ii. Bia não gosta de pera. *É Verdadeira*
iii. Carla não gosta de banana. É falsa

Como Ana não gosta de pera e Bia não gosta de pera, Conclui-se que é Carla que gosta de pera. Mas, de iii temos que Carla gosta de banana. O que viola o enunciado da questão.

Concluímos, então, que a última afirmação é a verdadeira, e as duas primeiras são, evidentemente, falsas.

3º Caso: Suponha que:

i. Ana gosta de pera. *É Falsa* ---------------------- Logo, Ana não gosta de pera.
ii. Bia não gosta de pera. *É Falsa* -----------------Logo, Bia gosta de pera
iii. Carla não gosta de banana. *É Verdadeira* ---- - Logo, Carla gosta de maçã

Observe que, sendo falsa a segunda afirmação, conclui-se, de imediato, que Bia gosta de pera. Como já sabemos que Carla não gosta de banana, conclui-se que Ana é quem gosta de banana, restando a maçã para a Carla.

Com isto, tem-se a solução: Ana gosta de banana, Bia gosta de pera e Carla gosta de maçã.

Resposta: a.

Solução da Questão nº 225

A ideia da questão é perceber que a afirmação da Glória é a chave para resolve-la, pois, se ela estiver falando a verdade, o único mentiroso é o Fábio, logo Edgar está falando a verdade e a Glória que saiu sem pagar. Por outro lado, se a Glória está mentindo, como só há um mentiroso entre eles, todos os outros estão falando a verdade. Então a Glória saiu sem pagar, pois quem diz isso é o Edgar.

Resposta: e

Solução da Questão nº 226

Caso 1: A afirmação I é a verdadeira. Logo, as outras são falsas. Mas, com a I e a II, temos:

i. Paulo é administrador. *É verdadeira*
ii. Sérgio não é administrador. *É falsa*
iii. João não é advogado. *É falsa*

Daí, segue-se que:

- Paulo é administrador
- Sérgio é administrador

O que não pode acontecer.

Caso 2: Afirmação II é a verdadeira.

i. Paulo é administrador. *É falsa*
ii. Sérgio não é administrador. *É verdadeira*
iii. João não é advogado. *É falsa*

- Paulo não é administrador
- Sérgio não é administrador
- João é advogado

Por i e ii temos que João é o administrador, mas por iii ele é advogado, o que não pode acontecer.

Caso 3: Afirmação III é a verdadeira.

i. Paulo é administrador. *É falsa*
ii. Sérgio não é administrador. *É falsa.*
iii. João não é advogado. *É verdadeira*

- Paulo não é administrador
- Sérgio é administrador
- João não é advogado

Como João não é advogado e nem administrador, segue-se que, João é o contador.

Resposta: c

Solução da Questão nº 227

Caso 1: Suponha que a afirmação I é a verdadeira. Logo, as outras são falsas.

i. Alceu é honesto. *È verdadeira.*
ii. Beto não é honesto. *É falsa.*
iii. Carlos não é pontual. *É falsa.*

De i, tem-se que Alceu é honesto; de ii tem-se que Beto é honesto, o que viola o enunciado da questão.

Caso 2: Suponha que a afirmação II é a verdadeira. Logo, as outras são falsas.

i. Alceu é honesto. *É falsa.*
ii. Beto não é honesto. *É verdadeira.*
iii. Carlos não é pontual. *É falsa.*

De i, tem-se que Alceu não é honesto e Beto não é honesto. Desse modo seriamos levados a concluir que Carlos é honesto. Porém, de iii, temos que Carlos é pontual. O que viola o enunciado da questão.

Caso 3: Suponha que a afirmação III é a verdadeira. Logo, as outras são falsas.

i. Alceu é honesto. *É falsa.*

ii. Beto não é honesto. *É falsa.*
iii. Carlos não é pontual. *É verdadeira.*

De ii, tem-se que Beto é honesto. De ii e iii segue-se que Carlos é competente e daí Alceu é pontual.

Resposta: a

Solução da Questão nº 228

Se I fosse verdadeira, IV seria verdadeira, mas isso não pode acontecer.

Se II fosse verdadeira, IV também seria, mas isso não pode acontecer.

Se III fosse verdadeira, IV também seria, mas isso não pode acontecer.

Se V for verdadeira, então I, II, III e IV serão falsas

Portanto, a verdadeira é a afirmação V.

Resposta: e

Solução da Questão nº 229

Se Márcio estiver falando a verdade, pela afirmação dele, Valdir também estaria, o que nos levaria a uma contradição. Logo, Márcio é mentiroso, o que nos leva a concluir que Valdir fala a verdade.

Resposta: d

Solução da Questão nº 230

I. Paulo disse: "foi o Cláudio ou Vilmar.

II. Cláudio disse: "foi Teresa.

III. Teresa disse: "não fui eu."

IV. Vilmar disse: "Teresa está mentindo."

As afirmações I e IV não podem ser verdadeiras, pois, assim, II e III seriam falsas, e elas se contradizem. E II não pode ser verdadeira, pois, assim, Teresa estaria mentido e IV contradiz esse fato. Portanto, III é verdadeira, por II Teresa não é culpada e por I Cláudio e Vilmar não fizeram a ligação em voltagem errada, logo, o culpado é Paulo.

Resposta: b

Solução da Questão nº 231

As afirmações das caixas C e D não podem ser verdadeiras, pois a da caixa B seria falsa e elas se contradizem.

Se a afirmação A é verdadeira, a caixa A possui um brasão, e como B é falsa mas não podem ter 2 brasões, já que A possui um, então B possui o outro, o que nos leva à resposta d.

Se a afirmação B é verdadeira, a caixa A pode conter 2 brasões ou nenhum, mas como C é falsa, A não pode conter 2 brasões. Como a afirmação D é falsa, a caixa C só pode conter 1 brasão ou nenhum, entretanto D não pode ter 2 brasões, logo C precisa ter um e D o outro.

Resposta: d

Solução da Questão nº 232

Não é possível que um esteja mentindo e o outro falando a verdade, pois assim não seria um casal, logo como pelo menos um está mentindo, então os dois o estão.

Resposta: a

Solução da Questão nº 233

I. João está entre nós

II. Eu sou o Paulo

III. Pedro está na frente

Se I fosse verdade, II seria verdade também, o que não pode acontecer, logo I é falsa, e que nos leva que João é o último fazendo com que III seja verdadeira

Resposta: e

Solução da Questão nº 234

I. Eu sou o Fábio

II. O primeiro é o Fábio

III. Eu sou o Fábio

Se I fosse falsa, II teria que ser também e a III precisaria ser verdade, mas assim João estaria mentindo, o que não pode acontecer. Logo I precisa ser verdadeira, e então II também é, fazendo com que III seja necessariamente falsa.

Resposta: a

Solução da Questão nº 235

I e III não podem ser falsas, pois II seria verdadeira e geraria uma contradição.

Se IV for verdade então II e III precisam ser falsas, mas como apenas um mentiu, isso também não pode acontecer, logo IV é falsa.

Resposta: a

Solução da Questão nº 236

Sílvio: "Rafael é filho de Marta."

Pedro: "Sílvio está mentindo, pois a mãe de Rafael é Nádia."

Rafael: "Sílvio e Pedro estão mentindo, pois a minha mãe é Olga."

Rafael precisa estar mentindo, pois o filho da Olga mente e ele não poderia falar a verdade.

Se Silvio estivesse falando a verdade, Rafael, como é filho da Marta, precisaria estar falando a verdade, mas vimos que não pode acontecer, logo Pedro é o única verdadeiro e portanto filho de Marta. Rafael é filho de Nádia e Silvio é filho de Olga.

Resposta: e

Solução da Questão nº 237

Se I fosse a verdadeira, II seria falsa, e duas partes seriam verdes, uma contradição. Se II for verdadeira, I e III seriam falsas e a parte direita teria que ser amarela e verde, o que não pode acontecer também. Logo III é a verdadeira, e portanto, a parte esquerda é verde, a parte superior é amarela e a parte direita é branca.

Resposta: b

Solução da Questão nº 238

I. A caneta da embalagem azul tem tinta vermelha.

II. A caneta da embalagem preta não tem tinta vermelha.

III. A caneta da embalagem amarela não tem tinta preta.

II não pode ser verdadeira, pois assim não haveria uma caneta com a cor vermelha. Mas se I for verdadeira, II seria falsa e as canetas das embalagens azul e preta, teriam tinta vermelha, o que também não pode acontecer. Logo a verdadeira é a afirmação III. Como a embalagem amarela não tem tinta preta por III e também não tem tinta vermelha por II, logo a embalagem amarela tem tinta azul, a embalagem preta tem tinta vermelha e a embalagem azul tem tinta preta.

Resposta: d

Solução da Questão nº 239

Se A fosse verdadeira, C precisaria ser falsa, mas ela é verdadeira, um absurdo. Se C for verdadeira, A e B seriam falsas e D seria verdadeira por isso, o que não pode acontecer. Se D for verdadeira, E também seria e vice-versa. Logo a alternativa que pode ser verdadeira e única é a b.

Resposta: b

Solução da Questão nº 240

Porta da esquerda: A porta que está no meio é a saída e a porta à direita dela leva à sala de ginástica

Porta do meio: Esta é a porta que leva à sala de ginástica e a da direita é a saída

Porta da direita: A porta do meio leva à sala de ginástica e a porta da extrema esquerda dá acesso à sauna

A porta do meio não pode ser falsa, pois assim ela não levaria à sala da ginástica, sendo que na porta da direita está escrito que ela leva. E pelo mesmo motivo, a porta da direita não pode ser a falsa. Logo a falsa é a afirmação da porta da esquerda.

Resposta: b

Solução da Questão nº 241

I. A é verde

II. B não é verde

III. C não é amarela

Se I fosse a verdadeira, II seria falsa, e duas casas seriam verdes, uma contradição. Se II for verdadeira, I e III seriam falsas e C teria que ser amarela e verde, o que não pode acontecer também. Logo III é a verdadeira, e portanto, B é verde, A é amarela e finalmente C é branca.

Resposta: b

Solução da Questão nº 242

Se A fosse a correta, por II, Sério e Paulo também seriam aprovados e por I Sílvia seria aprovada, mas desse jeito 6 pessoas seriam aprovadas o que conflita III.

Se C fosse a correta, então Carlos, Sério e Paulo teriam que ser aprovados também, e somente eles por causa da afirmação III, logo Clarissa não poderia ser aprovada.

D não pode ser a correta também, pois Júlia, Sérgio e Paulo teriam q ser aprovados juntos.

Claramente E não é verdadeira pois conflita III.

Logo B é a verdadeira.

Resposta: b

Solução da Questão nº 243

Se A ou B fossem verdadeiras, então D seria falsa e elas entrariam em conflito.

Se C ou D fossem verdadeiras, E diria que o problema não tem solução, uma contradição.

Logo E é a verdadeira.

Resposta: c

Solução da Questão nº 244

Se I fosse a verdadeira, II seria falsa, e duas ações seriam verdes, uma contradição. Se II for verdadeira, I e III seriam falsas e x3 teria que ser vermelha e verde, o que não pode acontecer também. Logo III é a verdadeira, e portanto, x2 é verde, x1 é vermelha e finalmente x3 é azul.

Resposta: c

Solução da Questão nº 245

I. A cor azul é a mais bonita.

II. O enunciado III é verdadeiro.

III. Dentre as cores primárias, uma é a mais bonita.

IV. As cores amarela e vermelha são as mais bonitas.

V. A cor verde não é a mais bonita.

VI. Somente uma das afirmações anteriores é falsa.

II não pode ser falsa, pois III seria falso também, o que não pode acontecer. Logo III é verdadeira. Então apenas uma cor primária é a mais bonita, logo IV é falsa.

Resposta: b

Solução da Questão nº 246

Se o segundo da fila está falando a verdade, então ele não usa peruca e pela afirmação dele, o primeiro da fila também não usa, logo o terceiro está mentindo (o que realmente acontece) e assim ele e o último usam peruca. Levando-nos a resposta c.

Se o segundo da fila está mentindo, então ele usa peruca e o primeiro da fila também usa e por isso é o outro mentiroso. Logo o terceiro fala a verdade (o que também acontece) e assim ele o o último da fila não usam peruca, o que nos leva a alternativa d.

Resposta: c

Solução da Questão nº 247

Se I fosse a verdadeira, II seria falsa, e dois produtos teriam alta demanda, uma contradição. Se II for verdadeira, I e III seriam falsas e P3 teria que ter demanda alta e baixa demanda, o que não pode acontecer também. Logo III é a verdadeira, e portanto, P2 tem alta demanda, P1 tem baixa e finalmente P3 tem média demanda.

Resposta: b

Solução da Questão nº 248

I. Se Rosângela disse a verdade, então Josi e Valter mentiram.

II. Se Valter mentiu, Juca falou a verdade.

III. Se Juca falou a verdade, então foi o Bidu que derrubou o vaso.

Como bidu estava trancado, então ele não derrubou o vaso, portanto Juca mentiu e assim, Valter falou a verdade. Logo, podemos eliminar as alternativas A, C e D. Mas se Rosângela dissesse a verdade, por I, Valter mentiria, o que não acontece, então B é falsa.

Resposta: e

Solução da Questão nº 249

(FGV – PREF. CONTAGEM – 2011) Considere as proposições simples abaixo, dentre as quais apenas uma é falsa: • A viatura está em uso. • O Guarda Municipal está empenhado. Marque a alternativa abaixo que apresenta uma proposição composta falsa:

(a) A viatura está em uso ou o Guarda Municipal está empenhado.

(b) A viatura não está em uso ou o Guarda Municipal não está empenhado.

(c) A viatura está em uso e o Guarda Municipal está empenhado.

(d) A viatura não está em uso então o Guarda Municipal está empenhado.

Resposta: c

Solução da Questão nº 250

Sabe-se que João estar feliz é condição necessária para Maria sorrir e condição suficiente para Daniela abraçar Paulo. Sabe-se, também, que Daniela abraçar Paulo é condição necessária e suficiente para Sandra abraçar Sérgio. Assim, quando Sandra não abraça Sérgio:

Simbolização:

P: João estar feliz

Q: Maria sorri

R: Daniela abraça Paulo

S: Sandra abraça Paulo

1. $Q \rightarrow P$	Premissa
2. $P \rightarrow R$	Premissa
3. $R \leftrightarrow S$	Premissa
4. $\sim S$	Premissa
5. $\sim R$	de 4 e 3
6. $\sim P$	de 5 e 2
7. $\sim Q$	de 6 e 1

d) João não está feliz, e Maria não sorri, e Daniela não abraça Paulo.

Resposta: d

Solução da Questão nº 251

"O Brasil não acaba com a saúva e a saúva não acaba com o Brasil."

Resposta: a

Solução da Questão nº 252

c) Se você pode doar sangue, então você não tem menos de 16 anos e não tem menos de 50 kg.

Resposta: c

Solução da Questão nº 253

a) O projeto de lei A é aprovado e o presidente da comissão não se fortalece e renuncia.

Resposta: a.

Solução da Questão nº 254

a) Se Francisco comparece à reunião então Manoel não comparece.

Resposta a.

Solução da Questão nº 255

Sejam as declarações: Se o governo é bom, então não há desemprego. Se não há desemprego, então não há inflação. Ora, se há inflação podemos concluir que:

a) A inflação não afeta o desemprego.
b) Pode haver inflação independente do governo.
c) O governo é bom e há desemprego.
d) O governo é bom e não há desemprego.
e) O governo não é bom e há desemprego.

1. $G \rightarrow \neg D$ premissa
2. $\neg D \rightarrow \neg I$ premissa
3. I premissa
4. D de 3 e 2
5. $\neg G$ de 4 e 1
6. $\neg G \wedge D$ de 5 e 4

Resposta: e.

Solução da Questão nº 256

Convenção:

A: André foi selecionado

B: Bruno foi selecionado

C: Célio foi selecionado

D: Diogo foi selecionado.

1. $\sim D \rightarrow B$ premissa

2. $A \vee \sim B$ premissa

3. $B \rightarrow \sim C$ premissa

4. $\sim A \wedge \sim C$ premissa

5. $\sim B$ de 2 e 4

6. D de 5 e 1

Resposta: d

Solução da Questão nº 257

Simbolização

P: Ana é prima de Bia.

Q: Carlos é filho de Pedro.

R: Jorge é irmão de Maria.

S: Breno é neto de Beto.

Premissa 1: $P \vee Q$

Premissa 2: $R \rightarrow \neg S$

Premissa 3: $Q \rightarrow S$

Premissa 4: R

4 e 2 5. $\sim S$

5 e 3 6. $\sim Q$

6 e 1 7. P

Resposta: e

Solução da Questão nº 258

Simbolização

A : André é inocente .

B: Beto é inocente.

C: Caio é inocente.

D: Dênis é inocente .

1. $A \vee B$ premissa

2. $B \rightarrow \sim C$ premissa

3. $C \leftrightarrow \sim D$ premissa

4. $\sim D$ premissa

5. C de 4 e 3

6. $\sim B$ de 5 e 2

7 . A de 6 e 1

8. $A \wedge C$ de 7 e 5

Resposta: b.

Solução da Questão nº 259

c) Alguma Agência do Banco do Brasil não tem déficit de funcionários.

Resposta: c.

Solução da Questão nº 260

e) pelo menos um processo não foi analisado até às 11 horas.

Resposta: e.

Solução da Questão nº 261

b) pelo menos um novelo de lã da gaveta não é colorido ou algum deles foi usado.

Resposta: b.

Solução da Questão nº 262

a) se Laura não é ruiva, então ela não é prima da Fernanda.

Resposta: a.

Solução da Questão nº 263

c) Algum jogador de futebol que não é rico não joga no Brasil e não joga mal.

Resposta: c.

Solução da Questão nº 264

b) se somente a afirmativa II for obrigatoriamente verdadeira.

Resposta: b.

Solução da Questão nº 265

d) Algum candidato a uma vaga de consultor legislativo na Assembleia Legislativa do Estado do Maranhão foi aprovado e não estudou muito nem teve sorte.

Resposta: d.

Solução da Questão nº 266

e) Nenhuma menina alegre é loira.

1. $\forall x(L(x) \rightarrow (A(x) \wedge M(x)))$ Premissa
2. $\sim \exists x((A(x) \wedge M(x)) \wedge Az(x))$ Premissa
3. $\forall x((A(x) \wedge M(x)) \rightarrow \sim Az(x))$ de 2
4. $\forall x(Al(x) \rightarrow C(x))$ Premissa
5. $\exists x(C(x) \wedge Az(x))$ Premissa
6. $\sim \exists x(C(x) \wedge (A(x) \wedge M(x)))$ Premissa
7. $\sim \exists x(C(x) \wedge (Az(x) \wedge Al(x)))$ Premissa
8. $\forall x(C(x) \rightarrow \sim (A(x) \wedge M(x)))$ de 6
9. $\forall x(\neg (A(x) \wedge M(x)) \rightarrow \sim L(x))$ de 1
10. $\forall x(C(x) \rightarrow \sim L(x))$ de 8 e 9
11. $\forall x(Al(x) \rightarrow \sim L(x))$ de 4 e 10
12. $\sim \exists x(Al(x) \wedge L(x))$ de 12

Resposta: e.

Solução da Questão nº 267

Das premissas A:" Nenhum herói é covarde." B:" Alguns soldados são covardes." Pode-se corretamente concluir que:

a) Alguns heróis são soldados.

b) Alguns soldados não são heróis.

c) Nenhum herói é soldado.

d) Alguns soldados são heróis.

e) Nenhum soldado é herói.

1) $\sim \exists x(H(x) \wedge C(x))$

2) $\exists x(S(x) \wedge C(x))$

3) $\forall x(H(x) \rightarrow \sim C(x))$

4) $S(a) \wedge C(a)$

5) $S(a)$

6) $C(a)$

7) $H(a) \rightarrow \sim C(a)$

8) $C(a) \rightarrow \sim H(a)$

9) $\sim H(a)$

10) $S(a) \wedge \sim H(a)$

11) $\exists x(S(x) \wedge \sim H(x))$

Resposta: b

Solução da Questão nº 268

Todas as proteínas são compostos orgânicos; em consequência, todas as enzimas são proteínas, uma vez que todas as enzimas são compostos orgânicos.

a) O argumento é válido, uma vez que suas premissas são verdadeiras, bem como sua conclusão.

b) Argumento válido apesar de conter uma premissa falsa.

c) Mesmo sem saber se as premissas são verdadeiras ou falsas, podemos garantir que o argumento não é válido.

d) NDA

Identificando Premissas e conclusão:

$\forall x(P(x) \rightarrow C(x))$

$\forall x(E(x) \rightarrow C(x))$

Logo, $\forall x(E(x) \rightarrow P(x))$

Argumento Inválido.

Resposta: c

Solução da Questão nº 269

Simbolizando a premissa: $\forall x(\sim B(x) \rightarrow \neg H(x))$ é equivalente a: $\forall x \sim(\sim B(x) \wedge H(x))$ é equivalente a: $\sim\exists x(\sim B(x) \wedge H(x))$

Resposta: c.

Solução da Questão nº 270

1 . $\forall x(S(x) \rightarrow C(x))$ Premissa

2 . $\sim \forall x(A(x) \rightarrow C(x))$ Premissa

3 . $\exists x(A(x) \wedge \sim C(x))$ de 2

4 . $A(a) \wedge \sim C(a)$

5 . $\forall x(\sim C(x) \rightarrow \sim S(x))$ de 1

6 . $\sim C(a) \rightarrow \sim S(a)$ de 5

7 . $\sim S(a)$ de 4 e 6

8 . $A(a) \wedge \sim S(a)$

9 . $\exists x(A(x) \wedge \sim S(x))$

Resposta: b .

	Simbolicamente
não	~
e	$\wedge$
ou (inclusivo)	$\vee$
ou (exclusivo)	$\veebar$
se, ... então	$\rightarrow$
se e somente se	$\leftrightarrow$
Quantificador Universal	$\forall$
Quantificador Existencial	$\exists$

Anotações

Impressão e acabamento
Gráfica da Editora Ciência Moderna Ltda.
Tel: (21) 2201 - 6662